目 录

全国技工院校工学一体化技能人才培养模式
数控加工专业教材

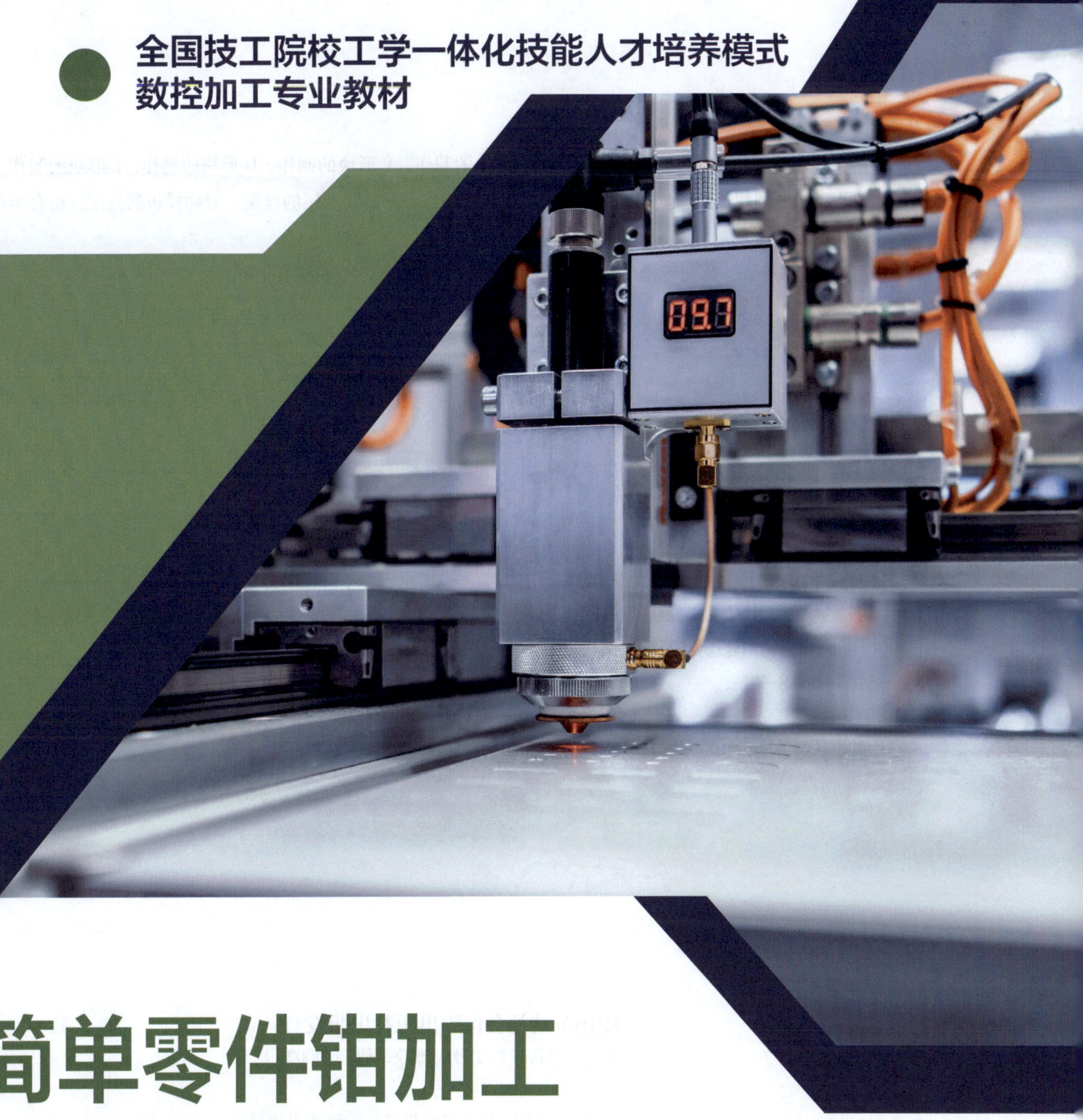

简单零件钳加工
学习任务集

崔兆华◎主编

中国劳动社会保障出版社

简介

本书的主要内容包括：角度样板的制作，正六方体的制作，V 形块的制作，U 形块的制作，F 形块的制作，定位块的制作，十字块的制作，双圆弧样板的制作，限位块的制作，凹凸、燕尾的锉配，对称样板的锉配，组合燕尾的盲配等。

本书由崔兆华任主编，邵明玲、孙喜兵、崔人凤、赵玉江参加编写，付荣任主审。

图书在版编目（CIP）数据

简单零件钳加工学习任务集 / 崔兆华主编 . -- 北京：中国劳动社会保障出版社，2024. --（全国技工院校工学一体化技能人才培养模式数控加工专业教材）. --ISBN 978-7-5167-6618-7

Ⅰ. TG9

中国国家版本馆 CIP 数据核字第 20249P0E31 号

中国劳动社会保障出版社出版发行

（北京市惠新东街 1 号　邮政编码：100029）

*

北京市艺辉印刷有限公司印刷装订　　新华书店经销

880 毫米 ×1230 毫米　16 开本　5 印张　121 千字

2024 年 10 月第 1 版　　2026 年 1 月第 2 次印刷

定价：15.00 元

营销中心电话：400-606-6496

出版社网址：http://www.class.com.cn

http://jg.class.com.cn

学习任务 1　角度样板的制作

一、工作任务描述

某企业接到一批角度样板（图 1–1）的加工订单，数量为 30 件，毛坯为 85 mm × 70 mm × 3 mm 的板料，材料为 Q235 钢，毛坯的上、下两面无须加工，工期为 5 天。生产部门安排钳工组完成此零件的制作。

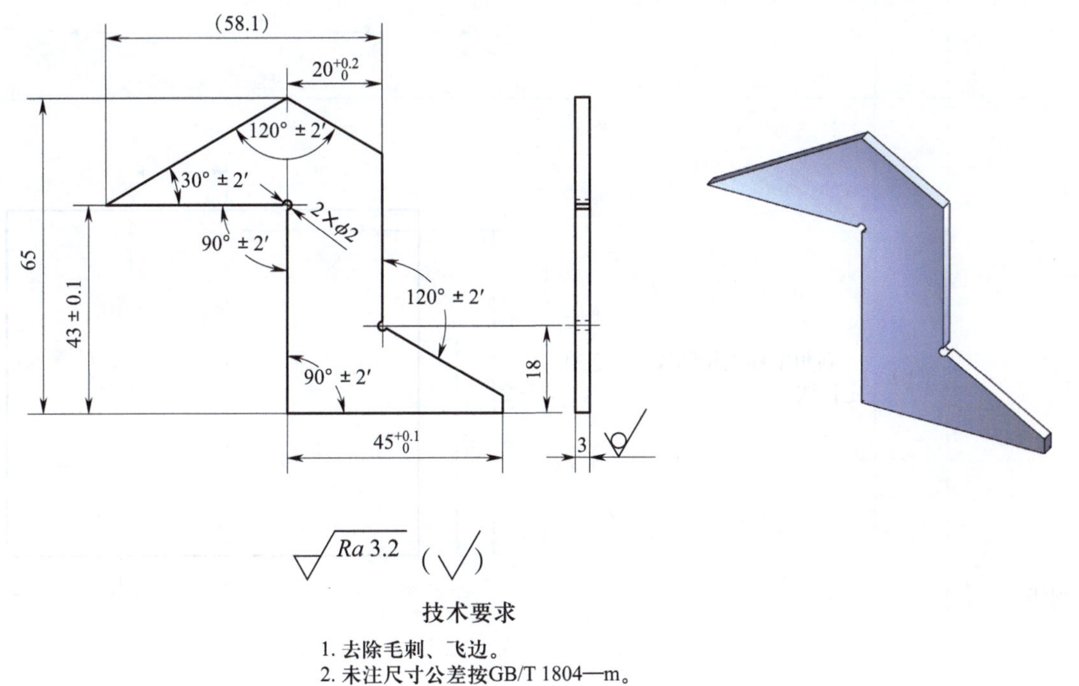

技术要求

1. 去除毛刺、飞边。
2. 未注尺寸公差按GB/T 1804—m。

图 1–1　角度样板

二、加工工艺过程

角度样板的加工工艺过程见表 1–1。

表 1–1　角度样板的加工工艺过程

工序	工步	加工内容	图示
1. 锉削基准面		锉削底面和右侧面，保证两面夹角为 90° ± 2′	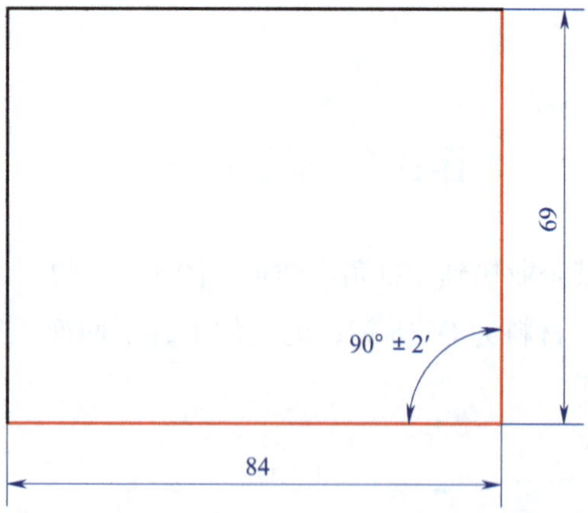
2. 划线	（1）	划角度样板轮廓线和工艺孔定位线	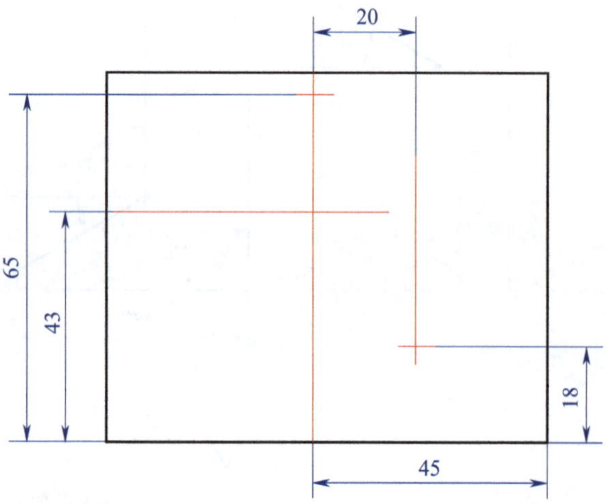
	（2）	划 2 个 ϕ2 mm 工艺孔轮廓线、定位线和角度线	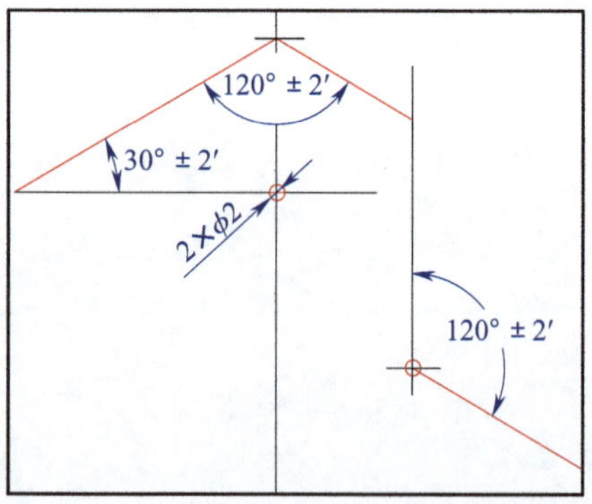

续表

工序	工步	加工内容	图示
2. 划线	(3)	在距离轮廓线 1.5 mm 处划锯削线	
3. 钻孔		用台式钻床钻 2 个 $\phi 2$ mm 工艺孔	
4. 锯削	(1)	用台虎钳装夹，沿竖直和水平锯削线锯掉左下角余料	

续表

工序	工步	加工内容	图示
4. 锯削	（2）	用台虎钳装夹，沿竖直和（120° ±20′）倾斜锯削线锯掉右上角余料	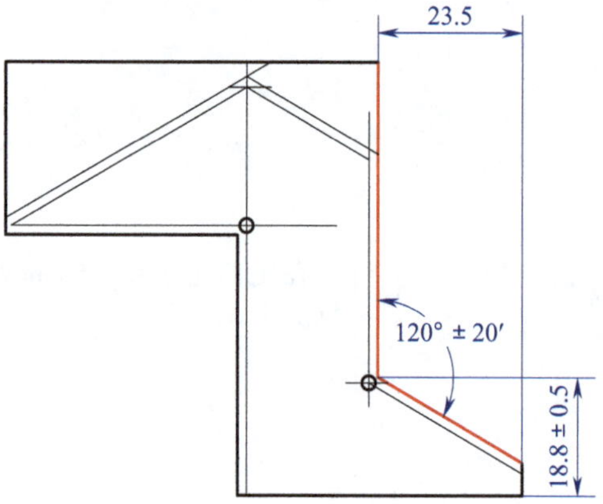
	（3）	用台虎钳装夹，沿两条夹角为（120° ±20′）倾斜锯削线锯掉左上角余料	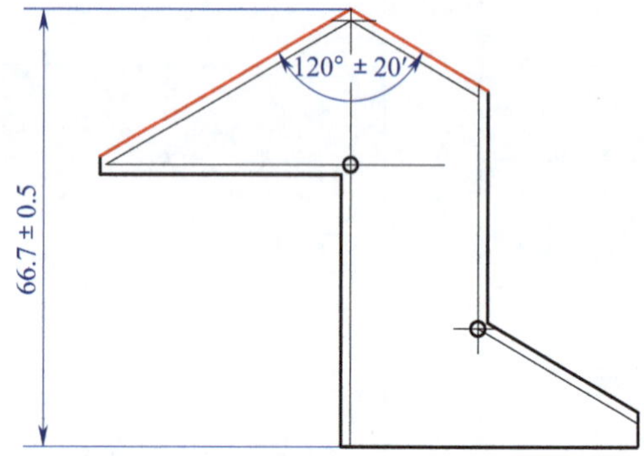
5. 锉削	（1）	粗、精锉削左下角竖直和水平面，保证长度尺寸、角度尺寸和表面质量要求	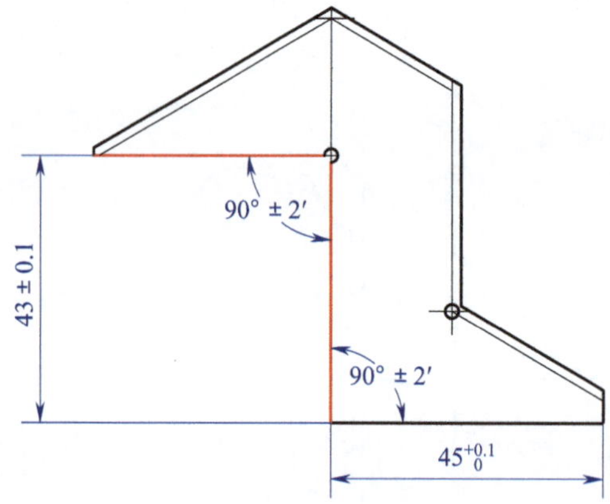
	（2）	粗、精锉削右上角竖直和120° 倾斜面，保证长度尺寸、角度尺寸和表面质量要求	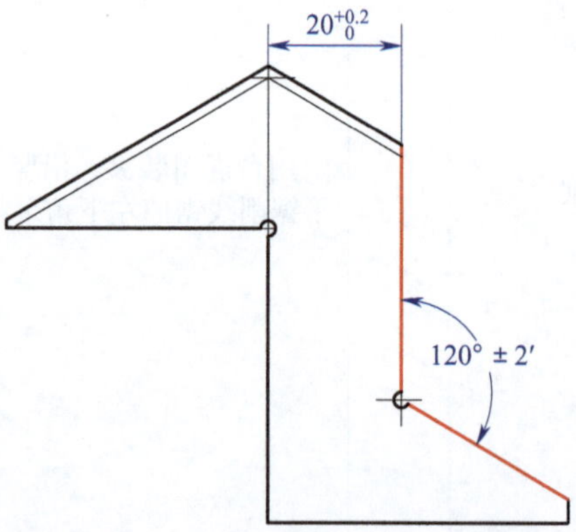

续表

工序	工步	加工内容	图示
5. 锉削	（3）	粗、精锉削顶部夹角为120° 两倾斜面，保证长度尺寸、角度尺寸和表面质量要求	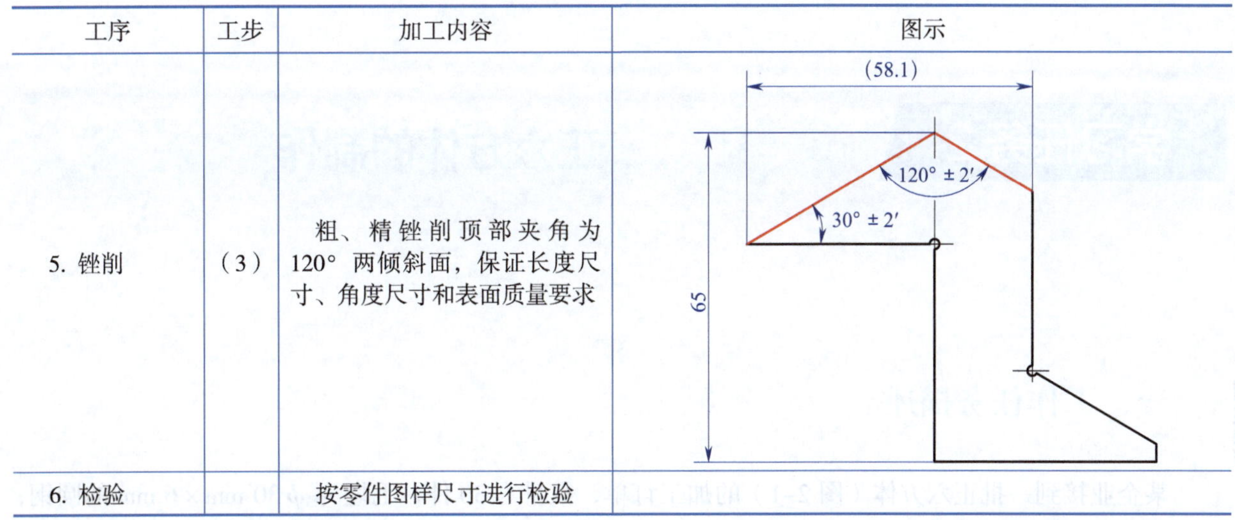
6. 检验		按零件图样尺寸进行检验	

三、加工质量检测

表 1–2 为角度样板加工质量检测表。

表 1–2　　角度样板加工质量检测表

序号	考核项目	配分	考核内容及要求	评分标准	检测结果	得分
1	主要尺寸（48 分）	6	$45^{+0.1}_{0}$ mm	超差不得分		
2		6	$20^{+0.2}_{0}$ mm	超差不得分		
3		6	（43 ± 0.1）mm	超差不得分		
4		6	30° ± 2′	超差不得分		
5		2 × 6	90° ± 2′（2 处）	超差不得分		
6		2 × 6	120° ± 2′（2 处）	超差不得分		
7	次要尺寸（21 分）	4	18 mm	超差不得分		
8		5	65 mm	超差不得分		
9		2 × 4	ϕ2 mm（2 处）	超差不得分		
10		4	3 mm	超差不得分		
11	表面粗糙度（16 分）	8 × 2	Ra3.2 μm（8 处）	降级不得分		
12	主观评分（10 分）	3.5	已加工零件去毛刺符合图样要求，否则不得分			
13		3.5	已加工零件无划伤、碰伤和夹伤，否则不得分			
14		3	已加工零件与图样外形一致，否则不得分			
15	更换或添加毛坯（5 分）	5	更换或添加毛坯不得分			
16	职业素养		能正确穿戴工作服、工作鞋、安全帽和防护眼镜等个人防护用品。每违反一项倒扣 2 分			
17			能规范使用设备、工具、量具和辅具。每违反操作规范一次倒扣 2 分			
18			能做好设备清理、保养工作。未清理或未保养倒扣 3 分，清理或保养不彻底倒扣 2 分			
总配分		100	总得分			

学习任务 2　正六方体的制作

一、工作任务描述

某企业接到一批正六方体（图 2–1）的加工订单，数量为 30 件，毛坯为 ϕ30 mm × 6 mm 的圆钢，材料为 45 钢，毛坯的上、下两面无须加工，工期为 5 天。生产部门安排钳工组完成此零件的制作。

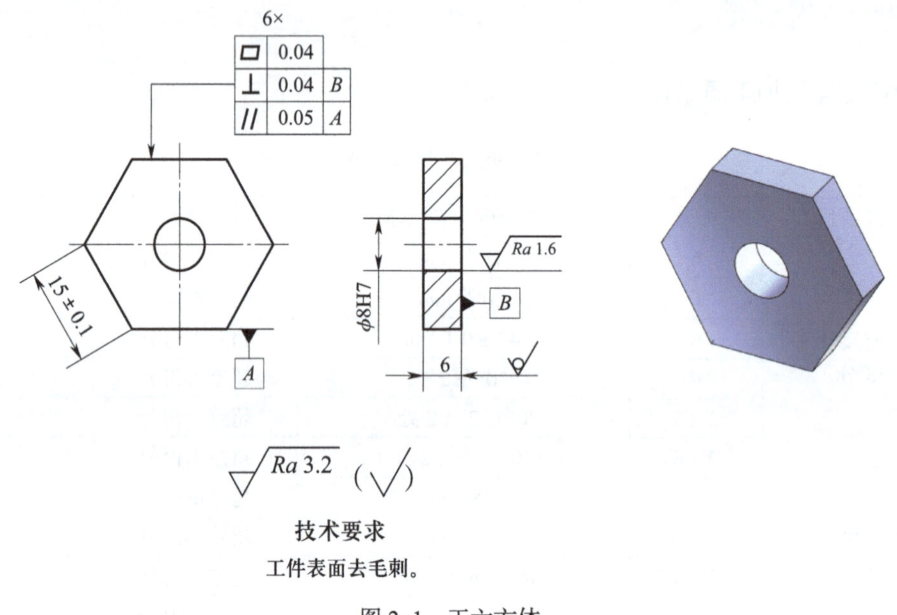

图 2–1　正六方体

二、加工工艺过程

正六方体的加工工艺过程见表 2-1。

表 2-1　　正六方体的加工工艺过程

工序	工步	加工内容	图示
1. 划线	（1）	在 V 形块上，用游标高度卡尺划中心线和正六方体上、下两条边线，保证上、下两条边对称且之间的距离为 25.98 mm	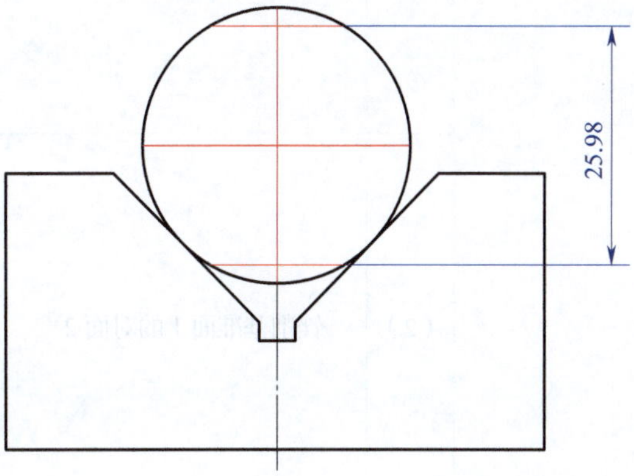 25.98
	（2）	用直角尺、划针将三条水平线的端点连接起来，形成正六边形；用划规划中心处 ϕ8 mm 圆轮廓线，并沿划线轮廓打样冲眼	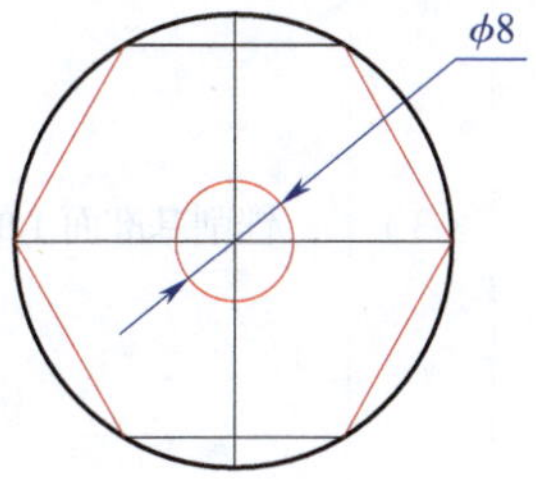 ϕ8
2. 钻孔		用 ϕ7.8 mm 麻花钻钻 ϕ8H7 孔的底孔	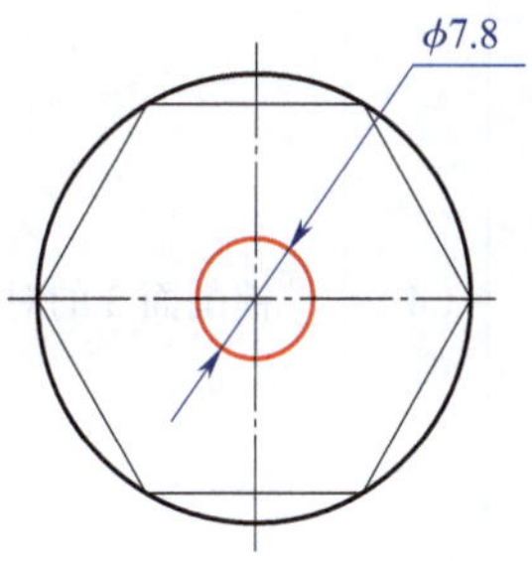 ϕ7.8
3. 铰孔		用 ϕ8H7 铰刀手动铰 ϕ8H7 孔至加工要求	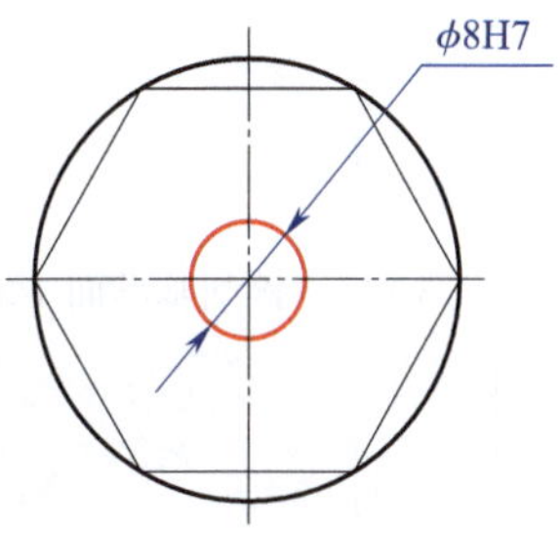 ϕ8H7

续表

工序	工步	加工内容	图示
4. 锉削	（1）	锉削基准面 1	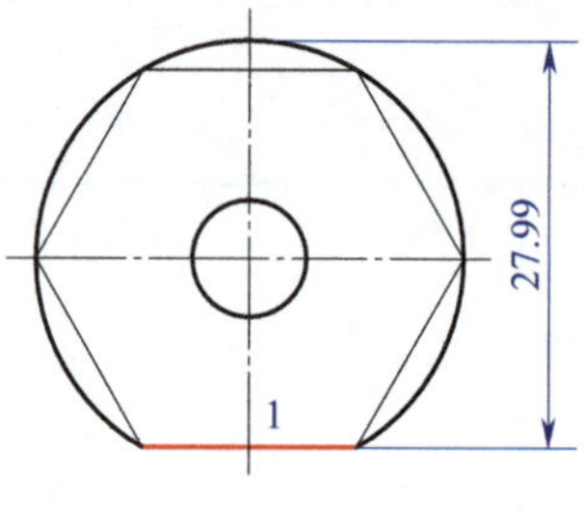
	（2）	锉削基准面 1 的对面 2	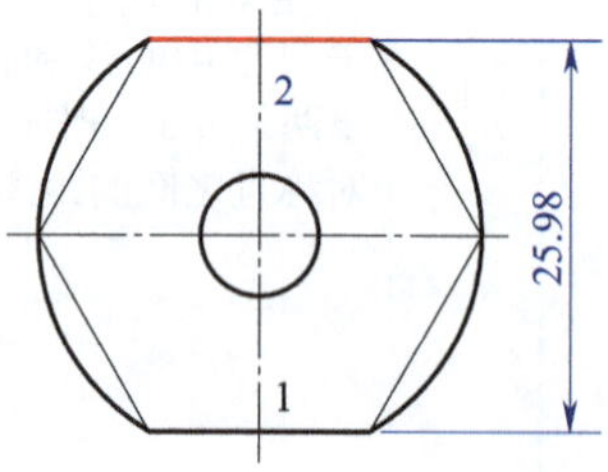
	（3）	锉削基准面 1 的邻面 3	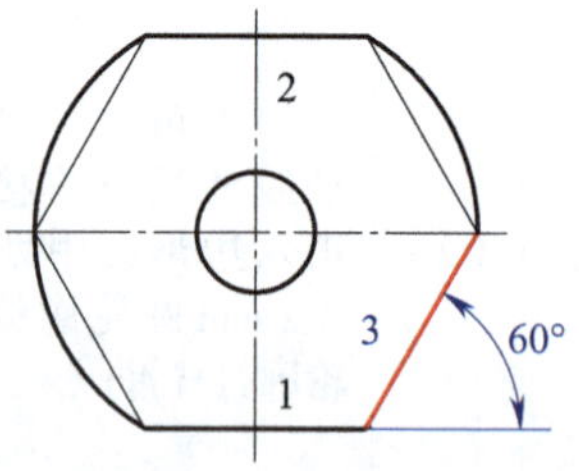
	（4）	锉削面 3 的对面 4	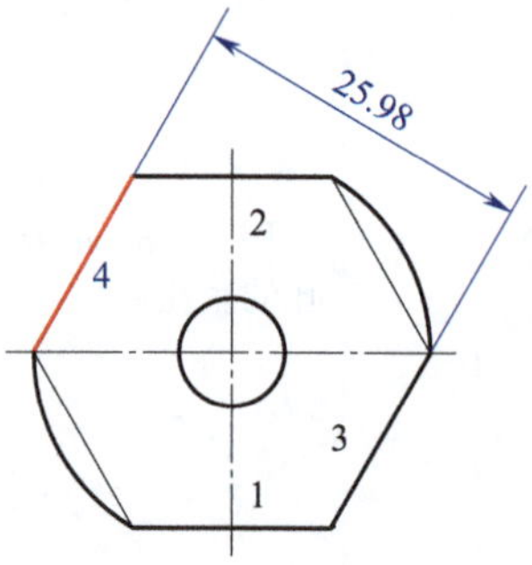
	（5）	锉削基准面 1 的另一邻面 5	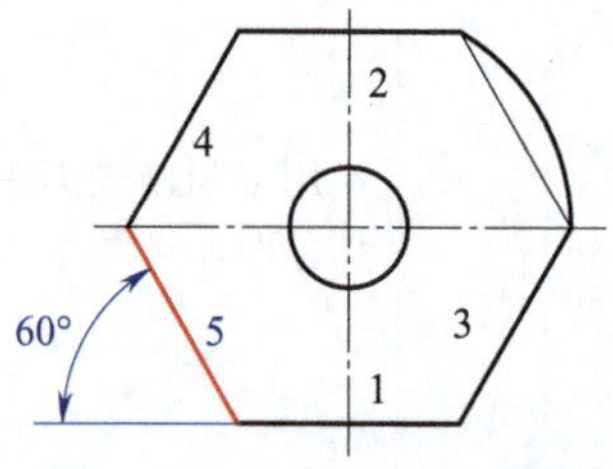

续表

工序	工步	加工内容	图示
4. 锉削	（6）	锉削面 5 的对面 6	25.98 2 4 6 5 3 1
5. 检验		按零件图样尺寸进行检验	

三、加工质量检测

表 2–2 为正六方体加工质量检测表。

表 2–2　　正六方体加工质量检测表

序号	考核项目	配分	考核内容及要求	评分标准	检测结果	得分
1	主要尺寸（57 分）	5	ϕ 8H7	超差不得分		
2		6×4	⊥ 0.04 B （6 处）	超差不得分		
3		4	// 0.05 A	超差不得分		
4		6×4	▱ 0.04 （6 处）	超差不得分		
5	次要尺寸（14 分）	2	6 mm	超差不得分		
6		6×2	（15±0.1）mm（6 处）	超差不得分		
7	表面粗糙度（14 分）	2	*Ra*1.6 μm	降级不得分		
8		6×2	*Ra*3.2 μm（6 处）	降级不得分		
9	主观评分（10 分）	3.5	已加工零件去毛刺符合图样要求，否则不得分			
10		3.5	已加工零件无划伤、碰伤和夹伤，否则不得分			
11		3	已加工零件与图样外形一致，否则不得分			
12	更换或添加毛坯（5 分）	5	更换或添加毛坯不得分			
13	职业素养		能正确穿戴工作服、工作鞋、安全帽和防护眼镜等个人防护用品。每违反一项倒扣 2 分			
14			能规范使用设备、工具、量具和辅具。每违反操作规范一次倒扣 2 分			
15			能做好设备清理、保养工作。未清理或未保养倒扣 3 分，清理或保养不彻底倒扣 2 分			
总配分		100	总得分			

学习任务 3　V 形块的制作

一、工作任务描述

某企业接到一批 V 形块（图 3-1）的加工订单，数量为 30 件，毛坯为 60 mm × 53 mm × 19.5 mm 的块料，材料为 45 钢，毛坯的上、下两平面无须加工，工期为 5 天。生产部门安排钳工组完成此零件的制作。

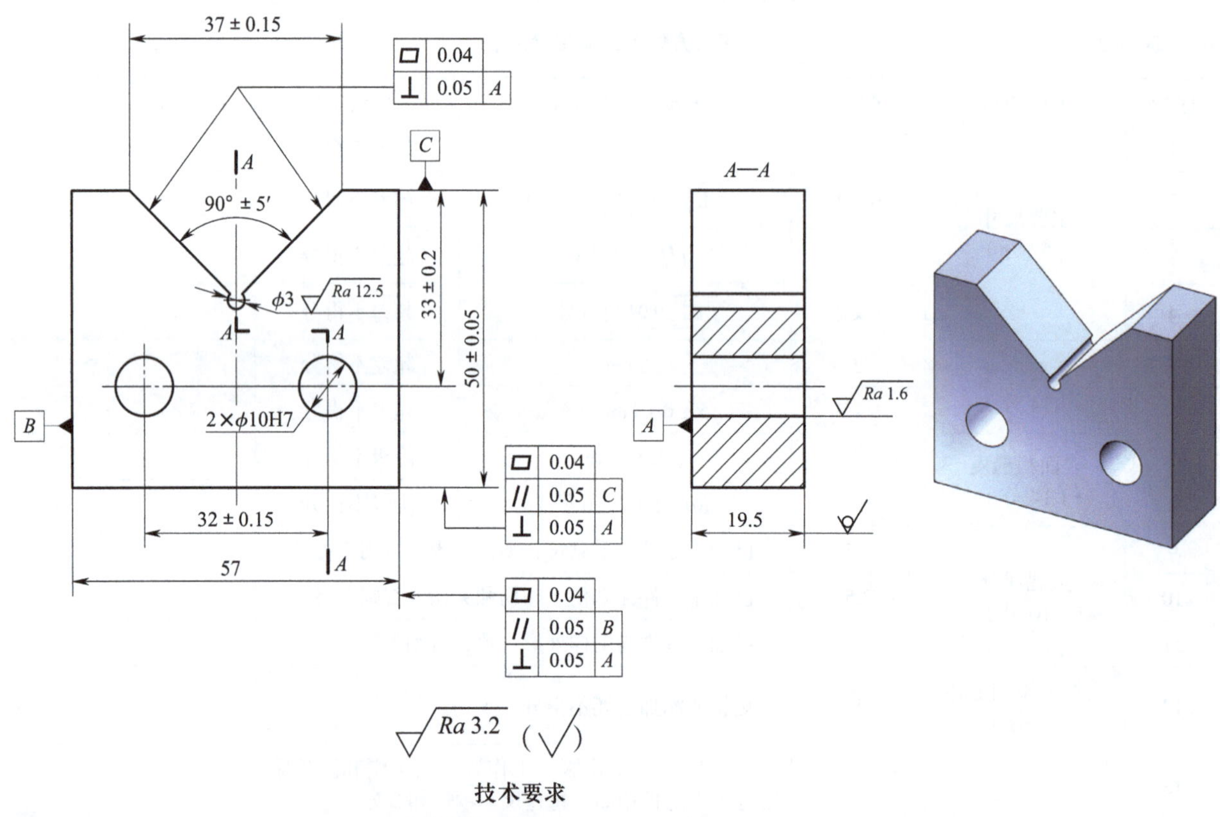

图 3-1　V 形块

二、加工工艺过程

V 形块的加工工艺过程见表 3-1。

表 3-1　　V 形块的加工工艺过程

工序	工步	加工内容	图示
1. 锉削		用台虎钳装夹，将毛坯锉削成 57 mm ×（50 ± 0.05）mm × 19.5 mm 的长方体，并保证平面度、平行度、垂直度等几何精度和表面质量要求	57；50 ± 0.05；19.5
2. 划线	（1）	划工件竖直中心线、V 形轮廓的定位线和 V 形轮廓线，划 2 个 ϕ10 mm 孔、ϕ3 mm 工艺孔的定位线和轮廓线，并在定位点和轮廓线上打样冲眼	37；45°；45°；ϕ3；33；2×ϕ10；32
	（2）	在距离轮廓线 1.5 mm 处划 V 形轮廓的锯削线	1.5

续表

工序	工步	加工内容	图示
3. 钻孔		用 ϕ3 mm 的麻花钻钻 ϕ3 mm 工艺孔，用 ϕ9.8 mm 麻花钻钻 2 个 ϕ10H7 孔的底孔	2×ϕ9.8 ϕ3
4. 铰孔		用 ϕ10H7 铰刀手工铰 2 个 ϕ10H7 孔	2×ϕ10H7
5. 锯削		沿 V 形轮廓锯削线进行锯削，形成 V 形轮廓	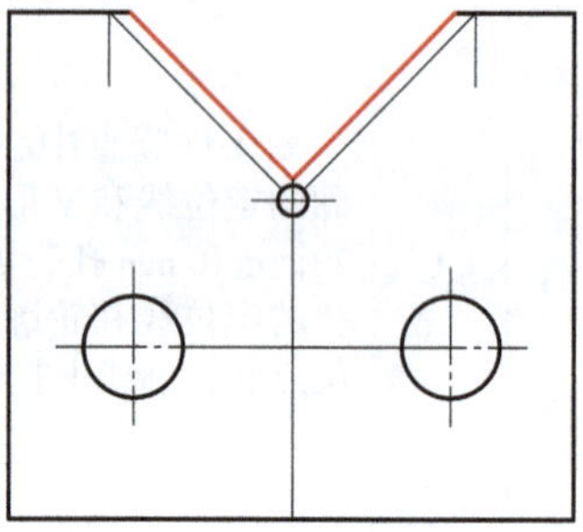
6. 锉削		粗、精锉 V 形轮廓至图样要求	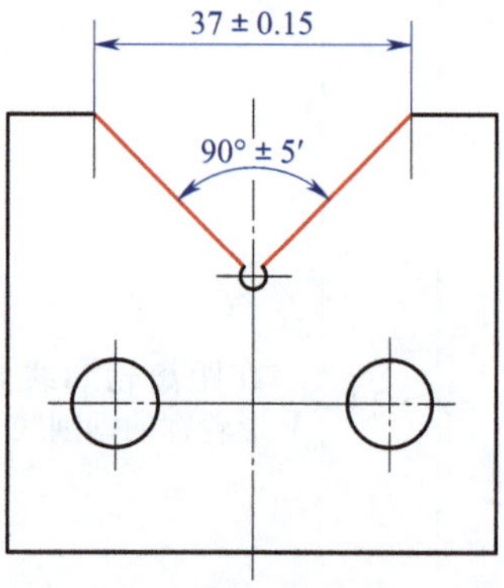 37 ± 0.15 90° ± 5′
7. 检验		按零件图样尺寸进行检验	

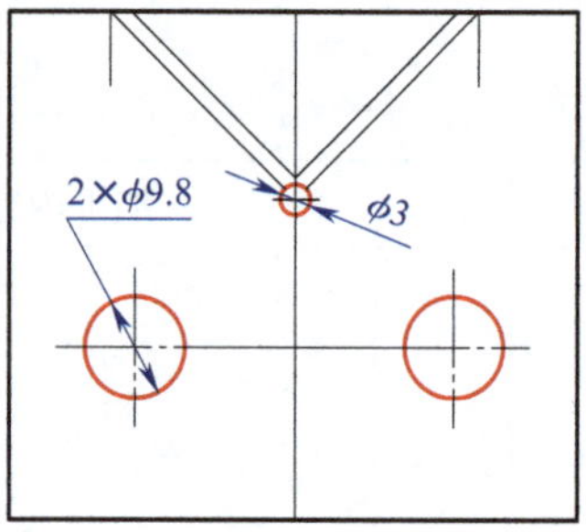

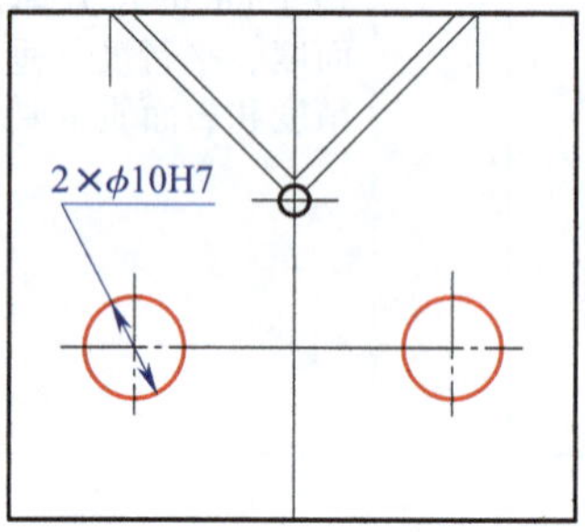

三、加工质量检测

表 3–2 为 V 形块加工质量检测表。

表 3–2 **V 形块加工质量检测表**

序号	考核项目	配分	考核内容及要求	评分标准	检测结果	得分
1	主要尺寸（68 分）	5	（32 ± 0.15）mm	超差不得分		
2		5	（33 ± 0.2）mm	超差不得分		
3		5	（37 ± 0.15）mm	超差不得分		
4		5	（50 ± 0.05）mm	超差不得分		
5		2 × 5	ϕ 10H7（2 处）	超差不得分		
6		4	90° ± 5′	超差不得分		
7		4 × 4	⊥ 0.05 *A*（4 处）	超差不得分		
8		3	// 0.05 *C*	超差不得分		
9		3	// 0.05 *B*	超差不得分		
10		4 × 3	⏥ 0.04（4 处）	超差不得分		
11	次要尺寸（6 分）	3	ϕ 3 mm	超差不得分		
12		3	57 mm	超差不得分		
13	表面粗糙度（12 分）	2 × 2	*Ra*1.6 μm（2 处）	降级不得分		
14		7 × 1	*Ra*3.2 μm（7 处）	降级不得分		
15		1	*Ra*12.5 μm	降级不得分		
16	主观评分（9 分）	3	已加工零件去毛刺符合图样要求，否则不得分			
17		3	已加工零件无划伤、碰伤和夹伤，否则不得分			
18		3	已加工零件与图样外形一致，否则不得分			
19	更换或添加毛坯（5 分）	5	更换或添加毛坯不得分			
20	职业素养		能正确穿戴工作服、工作鞋、安全帽和防护眼镜等个人防护用品。每违反一项倒扣 2 分			
21			能规范使用设备、工具、量具和辅具。每违反操作规范一次倒扣 2 分			
22			能做好设备清理、保养工作。未清理或未保养倒扣 3 分，清理或保养不彻底倒扣 2 分			
总配分		100	总得分			

学习任务 4　U 形块的制作

一、工作任务描述

某企业接到一批 U 形块（图 4–1）的加工订单，数量为 30 件，毛坯为 85 mm × 65 mm × 8 mm 的块料，材料为 45 钢，毛坯的上、下两平面无须加工，工期为 5 天。生产部门安排钳工组完成此零件的制作。

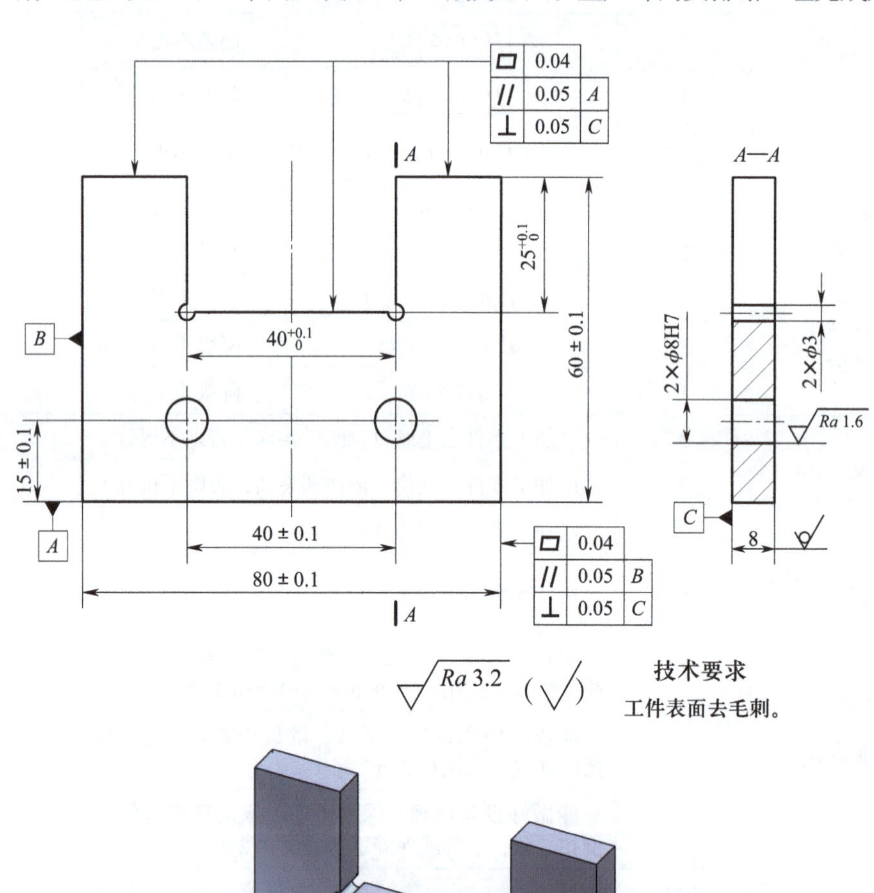

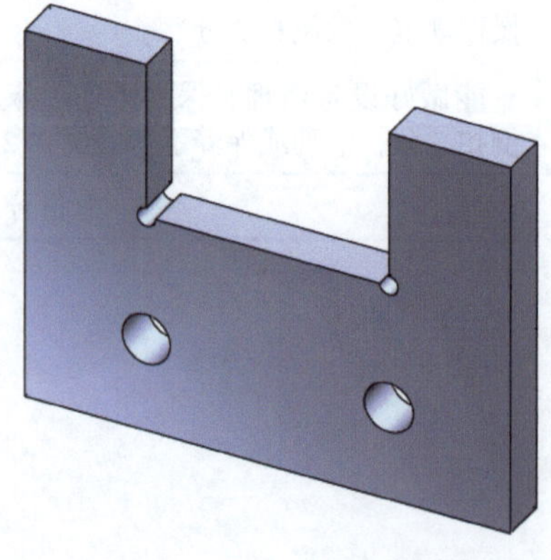

图 4–1　U 形块

二、加工工艺过程

U 形块的加工工艺过程见表 4-1。

表 4-1　　U 形块的加工工艺过程

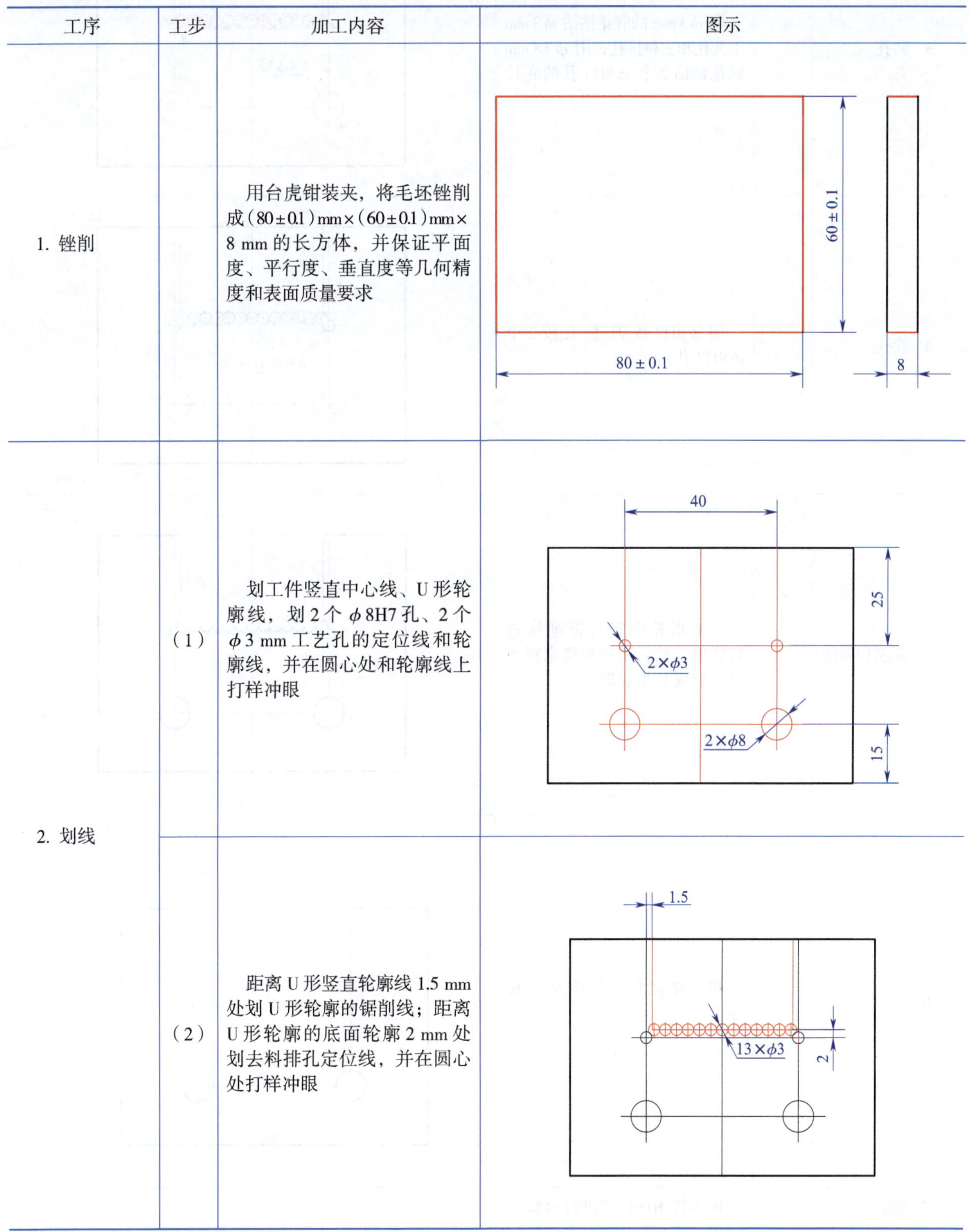

工序	工步	加工内容	图示
1. 锉削		用台虎钳装夹，将毛坯锉削成(80±0.1)mm×(60±0.1)mm×8 mm 的长方体，并保证平面度、平行度、垂直度等几何精度和表面质量要求	
2. 划线	(1)	划工件竖直中心线、U 形轮廓线，划 2 个 ϕ8H7 孔、2 个 ϕ3 mm 工艺孔的定位线和轮廓线，并在圆心处和轮廓线上打样冲眼	
	(2)	距离 U 形竖直轮廓线 1.5 mm 处划 U 形轮廓的锯削线；距离 U 形轮廓的底面轮廓 2 mm 处划去料排孔定位线，并在圆心处打样冲眼	

续表

工序	工步	加工内容	图示
3. 钻孔		用 ϕ3 mm 的麻花钻钻 ϕ3 mm 工艺孔和去料排孔，用 ϕ7.8 mm 麻花钻钻 2 个 ϕ8H7 孔的底孔	15×ϕ3 2×ϕ7.8
4. 铰孔		用 ϕ8H7 铰刀手工铰 2 个 ϕ8H7 孔	2×ϕ8H7
5. 锯削和錾削		沿 U 形轮廓竖直锯削线进行锯削，然后用扁錾将余料去除，形成 U 形轮廓	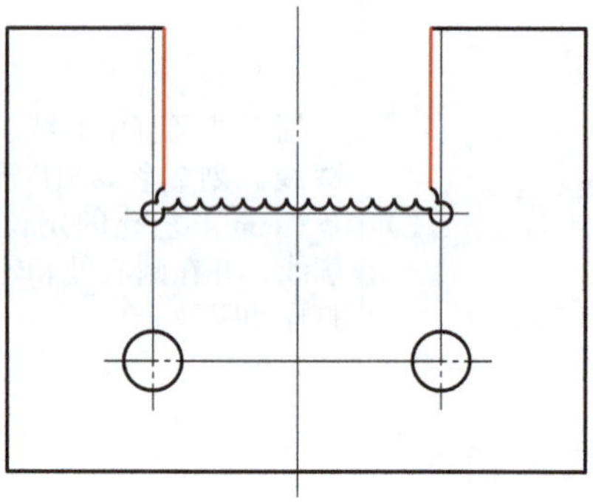
6. 锉削		粗、精锉 U 形轮廓至图样要求	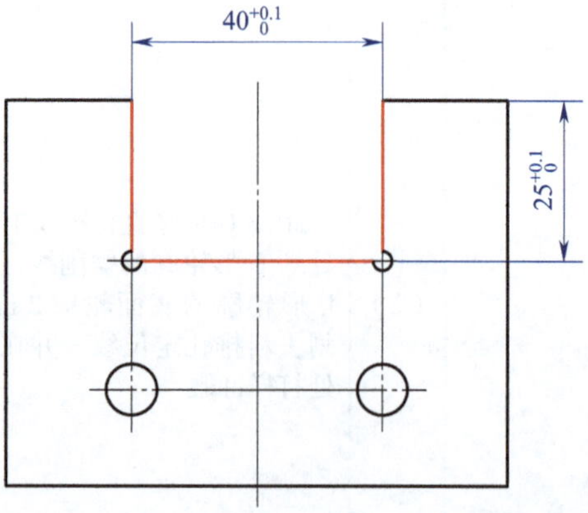 $40^{+0.1}_{0}$ $25^{+0.1}_{0}$
7. 检验		按零件图样尺寸进行检验	

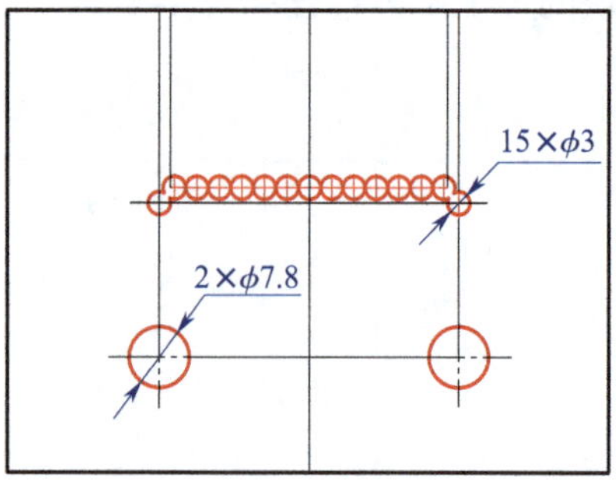

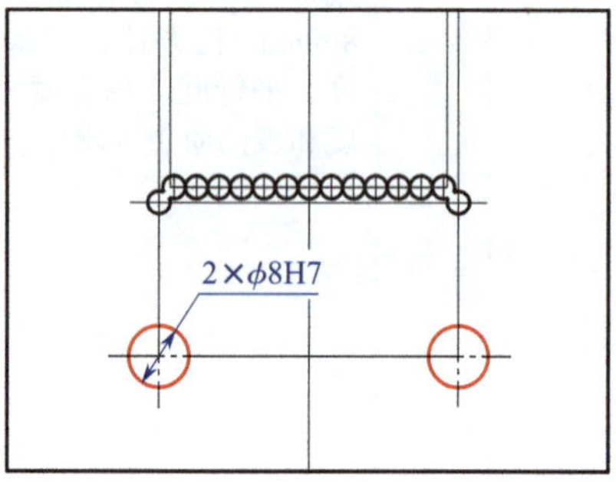

三、加工质量检测

表 4–2 为 U 形块加工质量检测表。

表 4–2　　U 形块加工质量检测表

序号	考核项目	配分	考核内容及要求	评分标准	检测结果	得分
1	主要尺寸（68 分）	4	（40 ± 0.1）mm	超差不得分		
2		4	（60 ± 0.1）mm	超差不得分		
3		4	（80 ± 0.1）mm	超差不得分		
4		4	$40^{+0.1}_{0}$ mm	超差不得分		
5		4	$25^{+0.1}_{0}$ mm	超差不得分		
6		2 × 4	ϕ8H7（2 处）	超差不得分		
7		4 × 3	⊥ 0.05 *C*（4 处）	超差不得分		
8		3 × 4	// 0.05 *A*（3 处）	超差不得分		
9		4	// 0.05 *B*	超差不得分		
10		4 × 3	▱ 0.04（4 处）	超差不得分		
11	次要尺寸（7 分）	2 × 2	ϕ3 mm（2 处）	超差不得分		
12		3	（15 ± 0.1）mm	超差不得分		
13	表面粗糙度（12 分）	2 × 2	*Ra*1.6 μm（2 处）	降级不得分		
14		8 × 1	*Ra*3.2 μm（8 处）	降级不得分		
15	主观评分（10 分）	3.5	已加工零件去毛刺符合图样要求，否则不得分			
16		3.5	已加工零件无划伤、碰伤和夹伤，否则不得分			
17		3	已加工零件与图样外形一致，否则不得分			
18	更换或添加毛坯（3 分）	3	更换或添加毛坯不得分			
19	职业素养		能正确穿戴工作服、工作鞋、安全帽和防护眼镜等个人防护用品。每违反一项倒扣 2 分			
20			能规范使用设备、工具、量具和辅具。每违反操作规范一次倒扣 2 分			
21			能做好设备清理、保养工作。未清理或未保养倒扣 3 分，清理或保养不彻底倒扣 2 分			
总配分		100	总得分			

学习任务 5　F 形块的制作

一、工作任务描述

某企业接到一批 F 形块（图 5–1）的加工订单，数量为 30 件，毛坯为 65 mm × 55 mm × 15 mm 的块料，材料为 45 钢，毛坯的上、下两平面无须加工，工期为 5 天。生产部门安排钳工组完成此零件的制作。

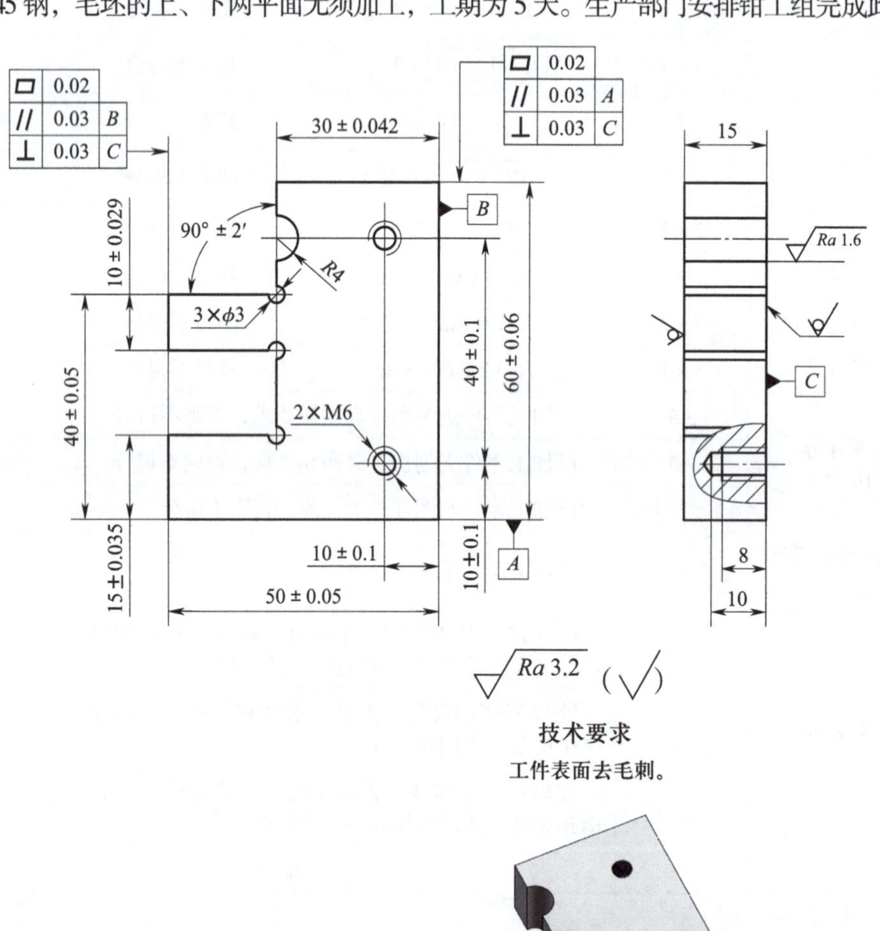

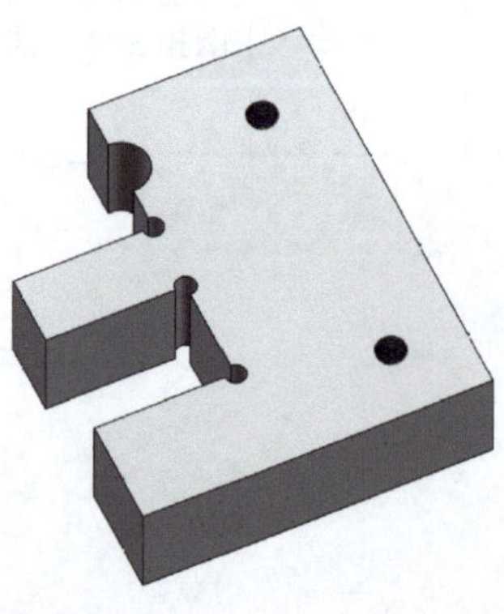

图 5–1　F 形块

二、加工工艺过程

F形块的加工工艺过程见表5-1。

表5-1 F形块的加工工艺过程

工序	工步	加工内容	图示
1. 锉削		用台虎钳装夹，将毛坯锉削成（60 ± 0.06）mm ×（50 ± 0.05）mm × 15 mm的长方体，并保证平面度、平行度、垂直度等几何精度和表面质量要求	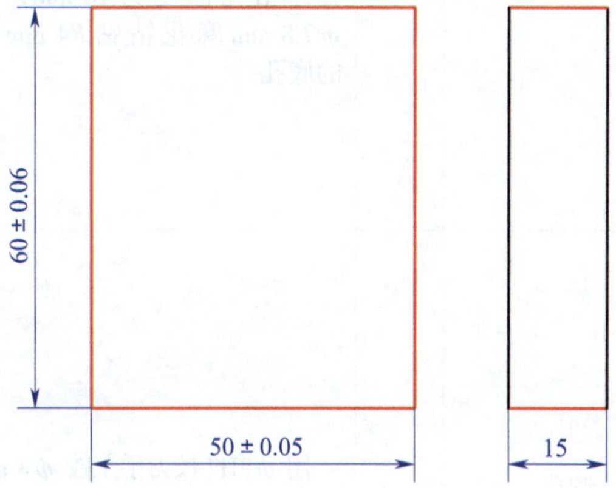 60 ± 0.06 50 ± 0.05 15
2. 划线	（1）	划2个M6螺纹孔的底孔、3个ϕ3 mm工艺孔的定位线和轮廓线，划R4 mm圆弧底孔定位线和轮廓线，划F形轮廓线，并在圆心处和轮廓线上打样冲眼	30 ϕ7.8 10 40 3×ϕ3 40 15 2×ϕ5 10 10
	（2）	距离F形轮廓竖直线和水平线1.5 mm处划锯削线；划去料排孔定位线，并在圆心处打样冲眼	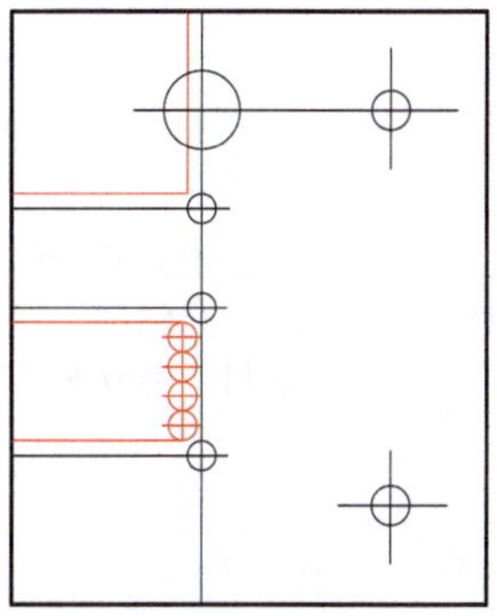

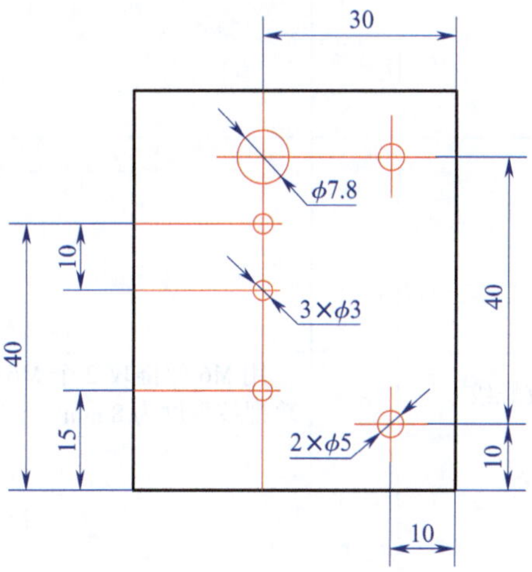

续表

工序	工步	加工内容	图示
3. 钻孔		用 ϕ3 mm 的麻花钻钻 ϕ3 mm 工艺孔和去料排孔；用 ϕ5 mm 麻花钻钻 2 个 M6 螺纹孔的底孔，钻孔深度为 10 mm；用 ϕ7.8 mm 麻花钻钻 R4 mm 孔的底孔	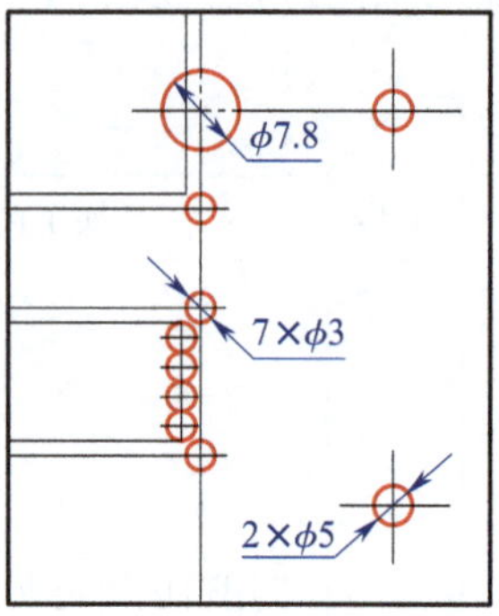 ϕ7.8 7×ϕ3 2×ϕ5
4. 铰孔		用 ϕ8H7 铰刀手工铰 ϕ8 mm 孔	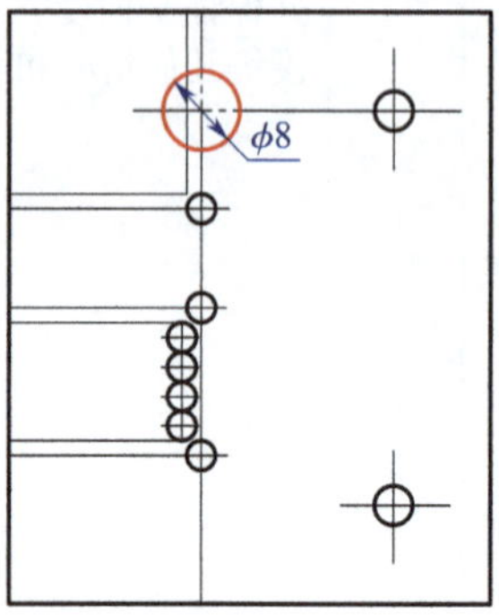 ϕ8
5. 攻螺纹		用 M6 丝锥攻 2 个 M6 螺纹。攻螺纹深度为 8 mm	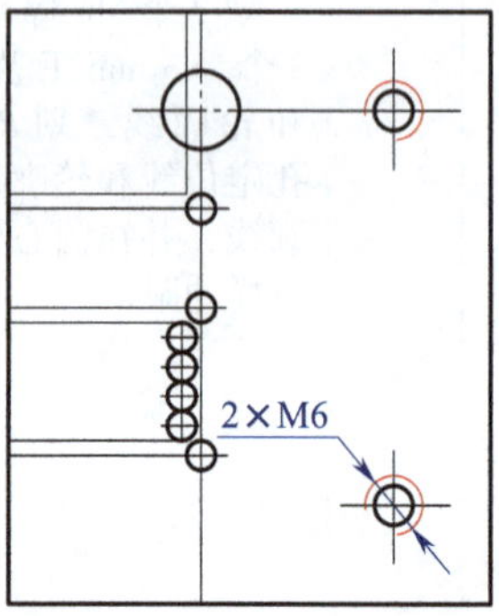 2×M6
6. 锯削和錾削		沿 F 形轮廓竖直和水平锯削线进行锯削，然后用扁錾錾掉余料，形成 F 形轮廓	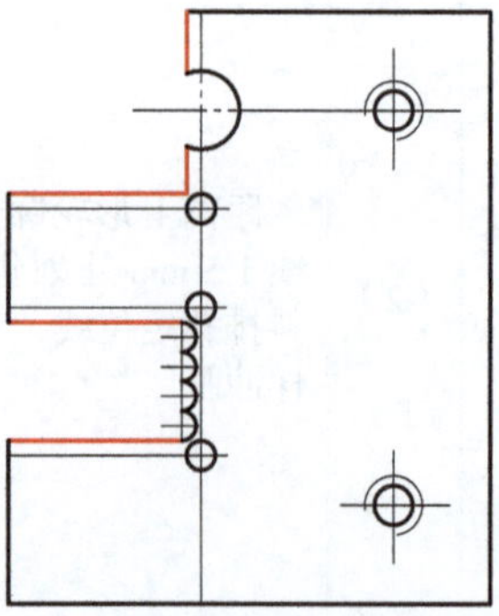

续表

工序	工步	加工内容	图示
7. 锉削		粗、精锉 F 形轮廓至尺寸和表面质量要求	
8. 检验		按零件图样尺寸进行检验	

三、加工质量检测

表 5–2 为 F 形块加工质量检测表。

表 5–2　　F 形块加工质量检测表

序号	考核项目	配分	考核内容及要求	评分标准	检测结果	得分
1	主要尺寸（60 分）	4	（10 ± 0.029）mm	超差不得分		
2		4	（15 ± 0.035）mm	超差不得分		
3		4	（40 ± 0.05）mm	超差不得分		
4		4	（50 ± 0.05）mm	超差不得分		
5		4	（60 ± 0.06）mm	超差不得分		
6		4	*R*4 mm	超差不得分		
7		4	90° ± 2′	超差不得分		
8		2 × 4	M6（2 处）	不合格不得分		
9		4	∥ 0.03 *A*	超差不得分		
10		4	∥ 0.03 *B*	超差不得分		
11		2 × 4	⊥ 0.03 *C*（2 处）	超差不得分		
12		2 × 4	▱ 0.02（2 处）	超差不得分		
13	次要尺寸（13 分）	3 × 1	ϕ3 mm（3 处）	超差不得分		
14		2	8 mm	超差不得分		
15		2	10 mm	超差不得分		
16		2 × 2	（10 ± 0.1）mm（2 处）	超差不得分		
17		2	（40 ± 0.1）mm	超差不得分		

续表

序号	考核项目	配分	考核内容及要求	评分标准	检测结果	得分
18	表面粗糙度（14分）	2	Ra1.6 μm	降级不得分		
19		12×1	Ra3.2 μm（12处）	降级不得分		
20	主观评分（10分）	3.5	已加工零件去毛刺符合图样要求，否则不得分			
21		3.5	已加工零件无划伤、碰伤和夹伤，否则不得分			
22		3	已加工零件与图样外形一致，否则不得分			
23	更换或添加毛坯（3分）	3	更换或添加毛坯不得分			
24	职业素养		能正确穿戴工作服、工作鞋、安全帽和防护眼镜等个人防护用品。每违反一项倒扣2分			
25			能规范使用设备、工具、量具和辅具。每违反操作规范一次倒扣2分			
26			能做好设备清理、保养工作。未清理或未保养倒扣3分，清理或保养不彻底倒扣2分			
总配分		100	总得分			

学习任务 6　定位块的制作

一、工作任务描述

某企业接到一批定位块（图 6–1）的加工订单，数量为 30 件，毛坯为 95 mm × 85 mm × 16 mm 的块料，材料为 45 钢，毛坯的上、下两平面无须加工，工期为 5 天。生产部门安排钳工组完成此零件的制作。

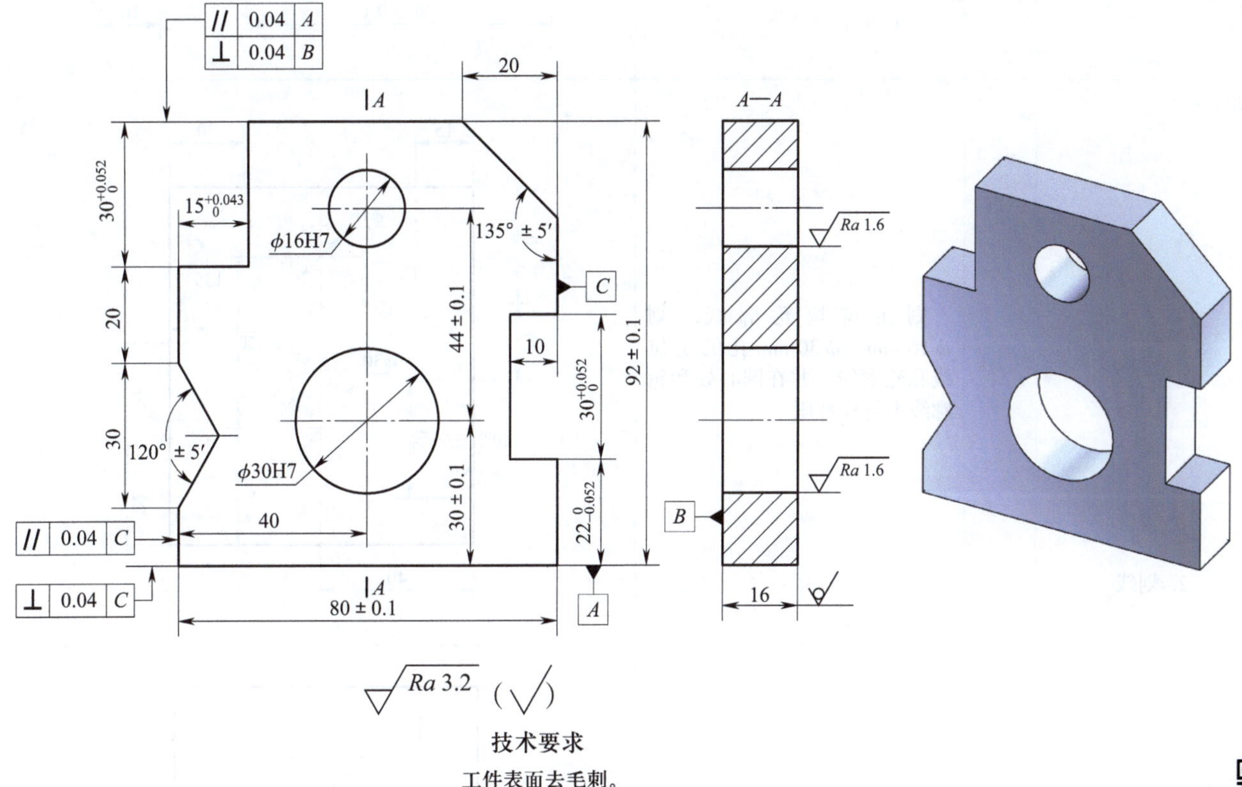

图 6–1　定位块

二、加工工艺过程

定位块的加工工艺过程见表 6–1。

表 6–1　　定位块的加工工艺过程

工序	工步	加工内容	图示
1. 锉削		用台虎钳装夹，将毛坯锉削成（92±0.1）mm×（80±0.1）mm×16 mm 的长方体，并保证平行度、垂直度等几何精度和表面质量要求	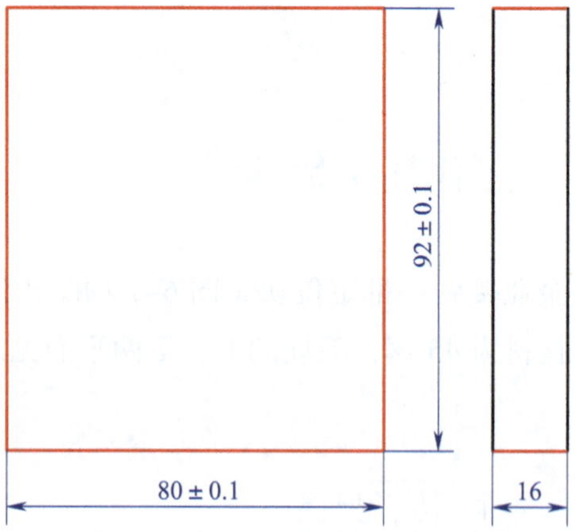 92±0.1；80±0.1；16
2. 划线	（1）	划定位块轮廓线，划 ϕ16 mm、ϕ30 mm 孔的定位线和轮廓线，并在圆心处和轮廓线上打样冲眼	15；20；30；ϕ16；135°；10；20；44；ϕ30；30；120°；30；30；22；40
	（2）	距离轮廓线 1.5 mm 处划锯削线；划去料排孔定位线，并在圆心处打样冲眼	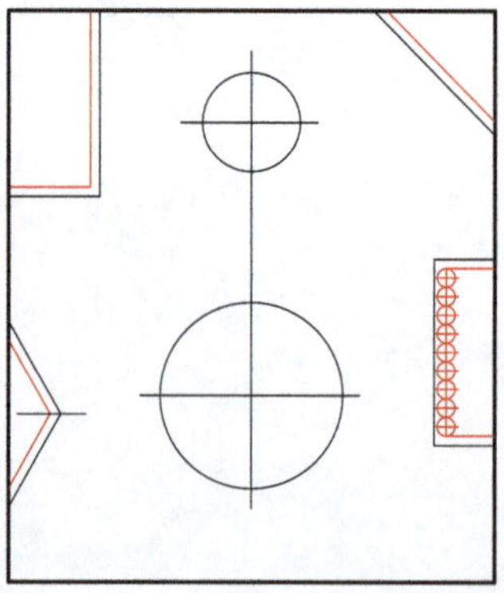

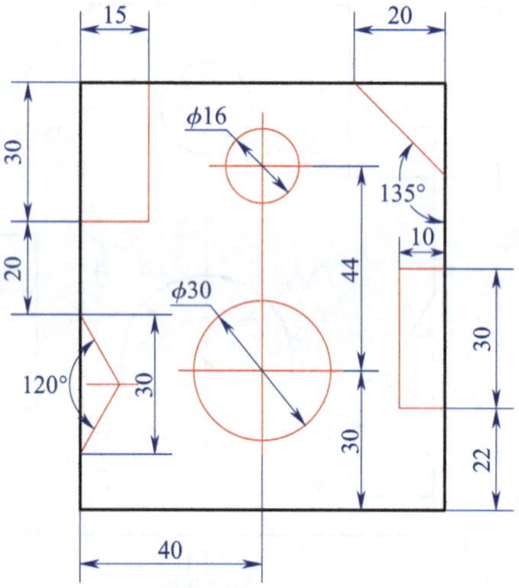

续表

工序	工步	加工内容	图示
3. 钻孔		用 ϕ3 mm 的麻花钻钻去料排孔；用 ϕ15.8 mm 麻花钻钻 ϕ16H7 孔的底孔，用 ϕ29.8 mm 麻花钻钻 ϕ30H7 孔的底孔	ϕ15.8 ϕ29.8 9×ϕ3
4. 铰孔		用 ϕ16H7 和 ϕ30H7 铰刀手工铰 ϕ16H7 和 ϕ30H7 孔至尺寸要求	ϕ16H7 ϕ30H7
5. 锯削		沿锯削线进行锯削，并用扁錾錾掉余料	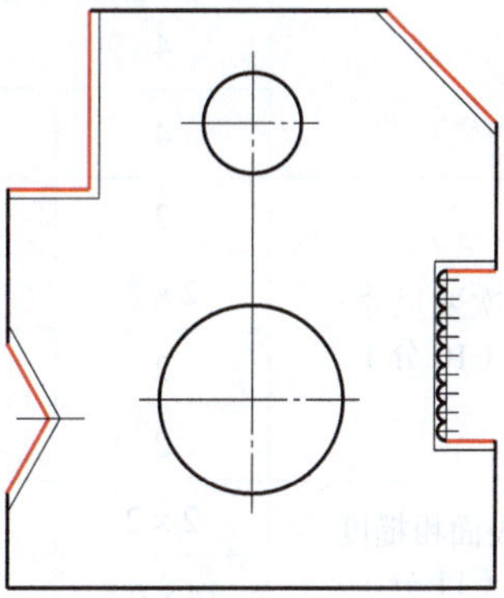
6. 锉削		粗、精锉定位块轮廓至图样要求	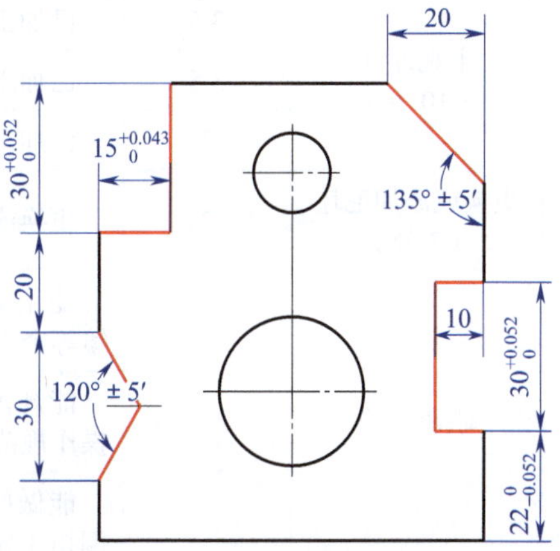 20 $15^{+0.043}_{0}$ $30^{+0.052}_{0}$ 135°±5′ 20 10 $30^{+0.052}_{0}$ 120°±5′ 30 $22^{0}_{-0.052}$
7. 检验		按零件图样尺寸进行检验	

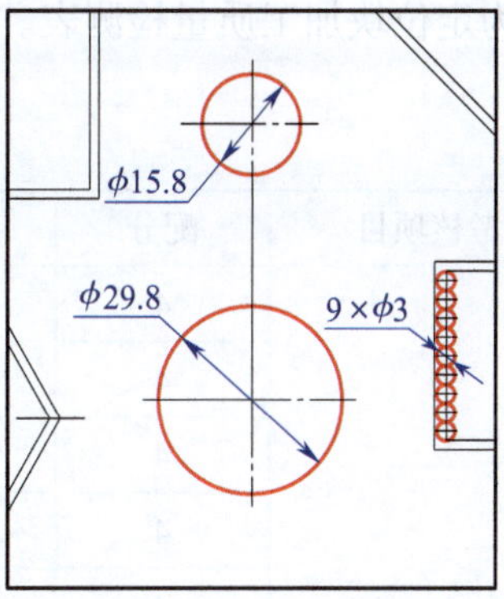

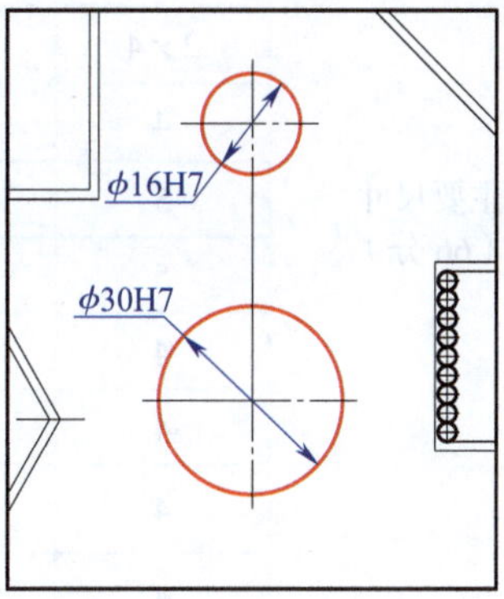

三、加工质量检测

表 6-2 为定位块加工质量检测表。

表 6-2 **定位块加工质量检测表**

序号	考核项目	配分	考核内容及要求	评分标准	检测结果	得分
1	主要尺寸（66 分）	4	（80 ± 0.1）mm	超差不得分		
2		4	（92 ± 0.1）mm	超差不得分		
3		4	（30 ± 0.1）mm	超差不得分		
4		4	（44 ± 0.1）mm	超差不得分		
5		4	$15^{+0.043}_{0}$ mm	超差不得分		
6		2 × 4	$30^{+0.052}_{0}$ mm（2 处）	超差不得分		
7		4	$22^{0}_{-0.052}$ mm	超差不得分		
8		5	120° ± 5′	超差不得分		
9		5	135° ± 5′	超差不得分		
10		4	ϕ 16H7	超差不得分		
11		4	ϕ 30H7	超差不得分		
12		4	// 0.04 *C*	超差不得分		
13		4	⊥ 0.04 *C*	超差不得分		
14		4	// 0.04 *A*	超差不得分		
15		4	⊥ 0.04 *B*	超差不得分		
16	次要尺寸（10 分）	2	10 mm	超差不得分		
17		2 × 2	20 mm（2 处）	超差不得分		
18		2	30 mm	超差不得分		
19		2	40 mm	超差不得分		
20	表面粗糙度（11 分）	2 × 2	*Ra*1.6 μm（2 处）	降级不得分		
21		14 × 0.5	*Ra*3.2 μm（14 处）	降级不得分		
22	主观评分（10 分）	3.5	已加工零件去毛刺符合图样要求，否则不得分			
23		3.5	已加工零件无划伤、碰伤和夹伤，否则不得分			
24		3	已加工零件与图样外形一致，否则不得分			
25	更换或添加毛坯（3 分）	3	更换或添加毛坯不得分			
26	职业素养		能正确穿戴工作服、工作鞋、安全帽和防护眼镜等个人防护用品。每违反一项倒扣 2 分			
27			能规范使用设备、工具、量具和辅具。每违反操作规范一次倒扣 2 分			
28			能做好设备清理、保养工作。未清理或未保养倒扣 3 分，清理或保养不彻底倒扣 2 分			
总配分		100	总得分			

学习任务 7 十字块的制作

一、工作任务描述

某企业接到一批十字块（图 7-1）的加工订单，数量为 30 件，毛坯为 75 mm × 75 mm × 25 mm 的块料，材料为 45 钢，毛坯的上、下两面无须加工，工期为 5 天。生产部门安排钳工组完成此零件的制作。

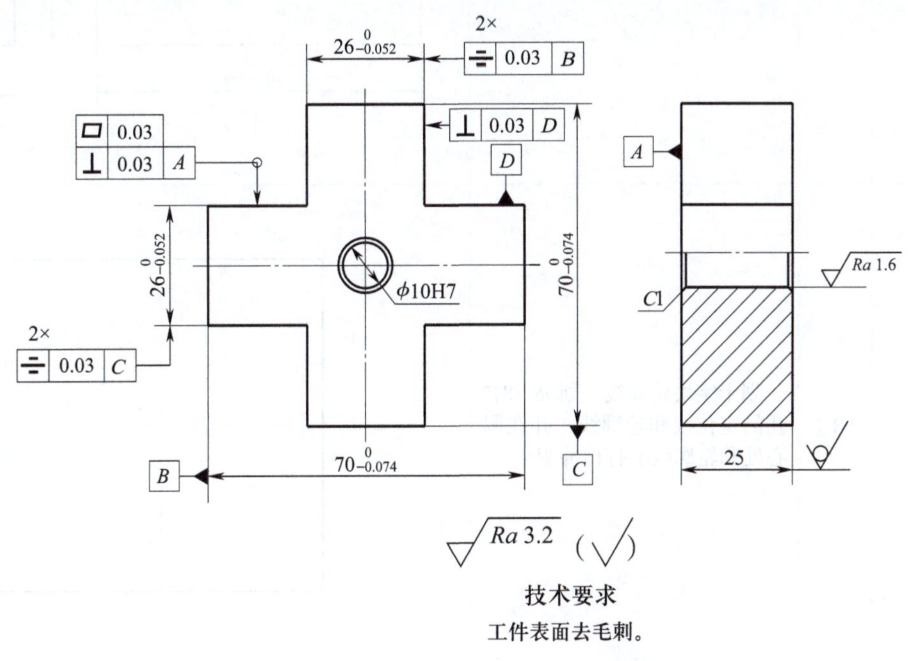

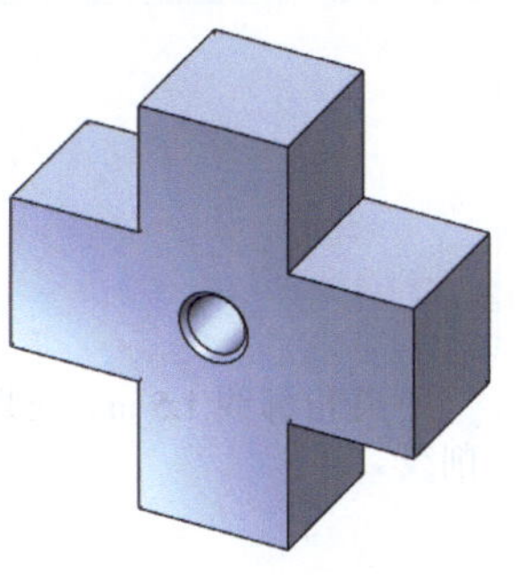

图 7-1　十字块

二、加工工艺过程

十字块的加工工艺过程见表 7–1。

表 7–1 十字块的加工工艺过程

工序	工步	加工内容	图示
1. 锉削		用台虎钳装夹，将毛坯锉削成 $70_{-0.074}^{\ 0}$ mm × $70_{-0.074}^{\ 0}$ mm × 25 mm 的长方体，并保证平面度、垂直度和表面质量要求	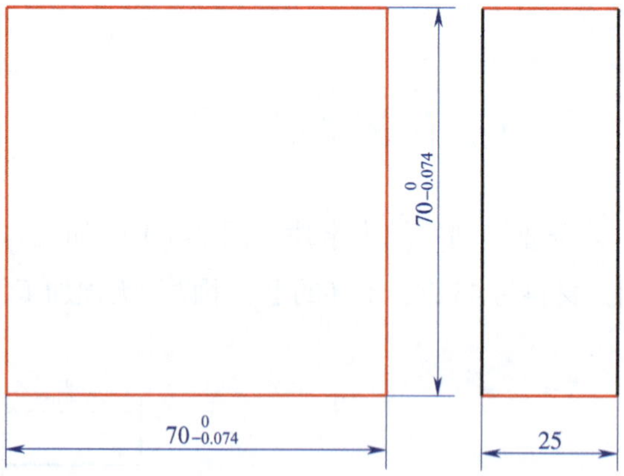 $70_{-0.074}^{\ 0}$；$70_{-0.074}^{\ 0}$；25
2. 划线	（1）	划十字块轮廓线，划 ϕ 10H7 孔的定位线和轮廓线，并在圆心处和轮廓线上打样冲眼	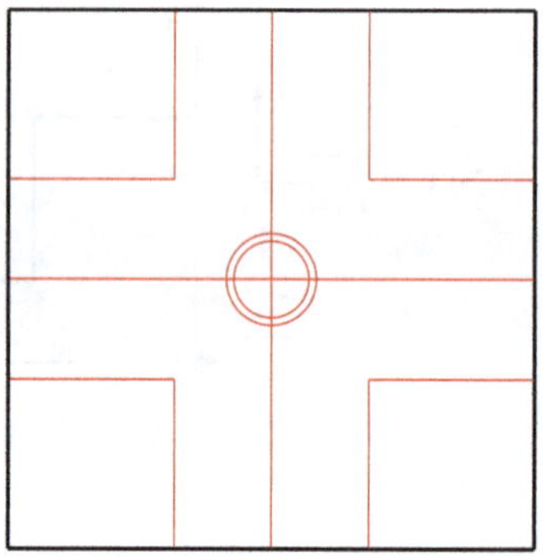
	（2）	距离轮廓线 1.5 mm 处划锯削线	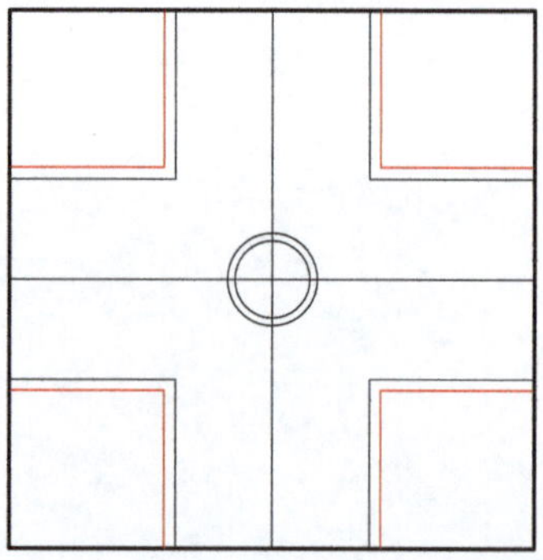

续表

工序	工步	加工内容	图示
3. 钻孔		用 ϕ9.8 mm 麻花钻钻 ϕ10H7 孔的底孔，用 ϕ15 mm 麻花钻进行孔口倒角	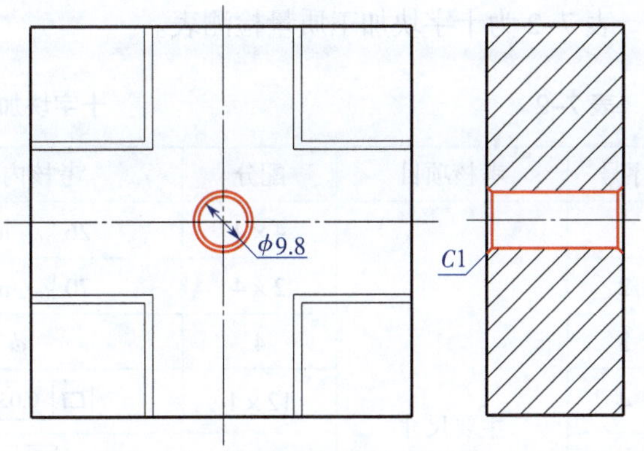 ϕ9.8　C1
4. 铰孔		用 ϕ10H7 铰刀手工铰 ϕ10H7 孔至尺寸要求	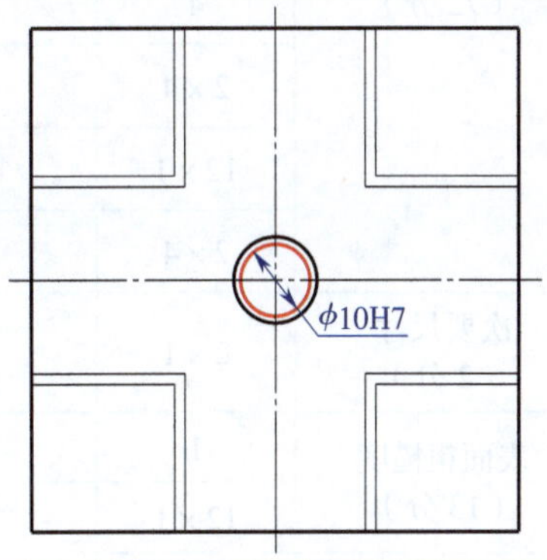 ϕ10H7
5. 锯削		沿锯削线进行锯削，去除余料	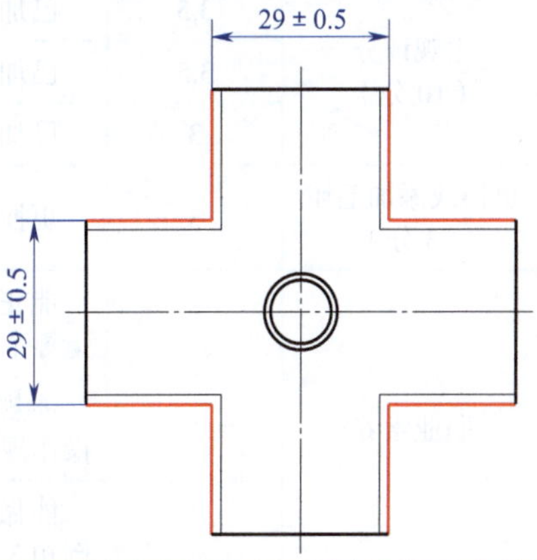 29 ± 0.5　29 ± 0.5
6. 锉削		粗、精锉十字块轮廓至尺寸要求，并保证表面质量要求	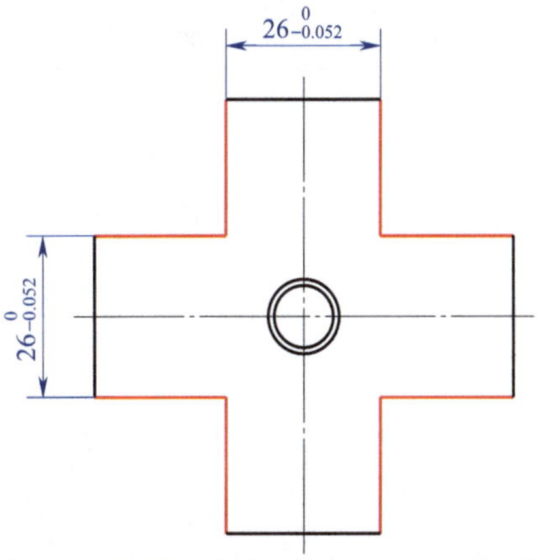 $26^{\ 0}_{-0.052}$　$26^{\ 0}_{-0.052}$
7. 检验		按零件图样尺寸进行检验	

三、加工质量检测

表 7–2 为十字块加工质量检测表。

表 7–2　　　　十字块加工质量检测表

序号	考核项目	配分	考核内容及要求	评分标准	检测结果	得分
1	主要尺寸（72 分）	4×4	$26_{-0.052}^{0}$ mm（4 处）	超差不得分		
2		2×4	$70_{-0.074}^{0}$ mm（2 处）	超差不得分		
3		4	ϕ 10H7	超差不得分		
4		12×1	⏥ 0.03（12 处）	超差不得分		
5		4	⊥ 0.03 D	超差不得分		
6		2×4	⌯ 0.03 B（2 处）	超差不得分		
7		12×1	⊥ 0.03 A（12 处）	超差不得分		
8		2×4	⌯ 0.03 C（2 处）	超差不得分		
9	次要尺寸（2 分）	2×1	*C*1 mm（2 处）	超差不得分		
10	表面粗糙度（13 分）	1	*Ra*1.6 μm	降级不得分		
11		12×1	*Ra*3.2 μm（12 处）	降级不得分		
12	主观评分（10 分）	3.5	已加工零件去毛刺符合图样要求，否则不得分			
13		3.5	已加工零件无划伤、碰伤和夹伤，否则不得分			
14		3	已加工零件与图样外形一致，否则不得分			
15	更换或添加毛坯（3 分）	3	更换或添加毛坯不得分			
16	职业素养		能正确穿戴工作服、工作鞋、安全帽和防护眼镜等个人防护用品。每违反一项倒扣 2 分			
17			能规范使用设备、工具、量具和辅具。每违反操作规范一次倒扣 2 分			
18			能做好设备清理、保养工作。未清理或未保养倒扣 3 分，清理或保养不彻底倒扣 2 分			
总配分		100	总得分			

学习任务 8　双圆弧样板的制作

一、工作任务描述

某企业接到一批双圆弧样板（图 8–1）的加工订单，数量为 30 件，毛坯为 80 mm × 85 mm × 6 mm 的板料，材料为 45 钢，毛坯的上、下两面无须加工，工期为 5 天。生产部门安排钳工组完成此零件的制作。

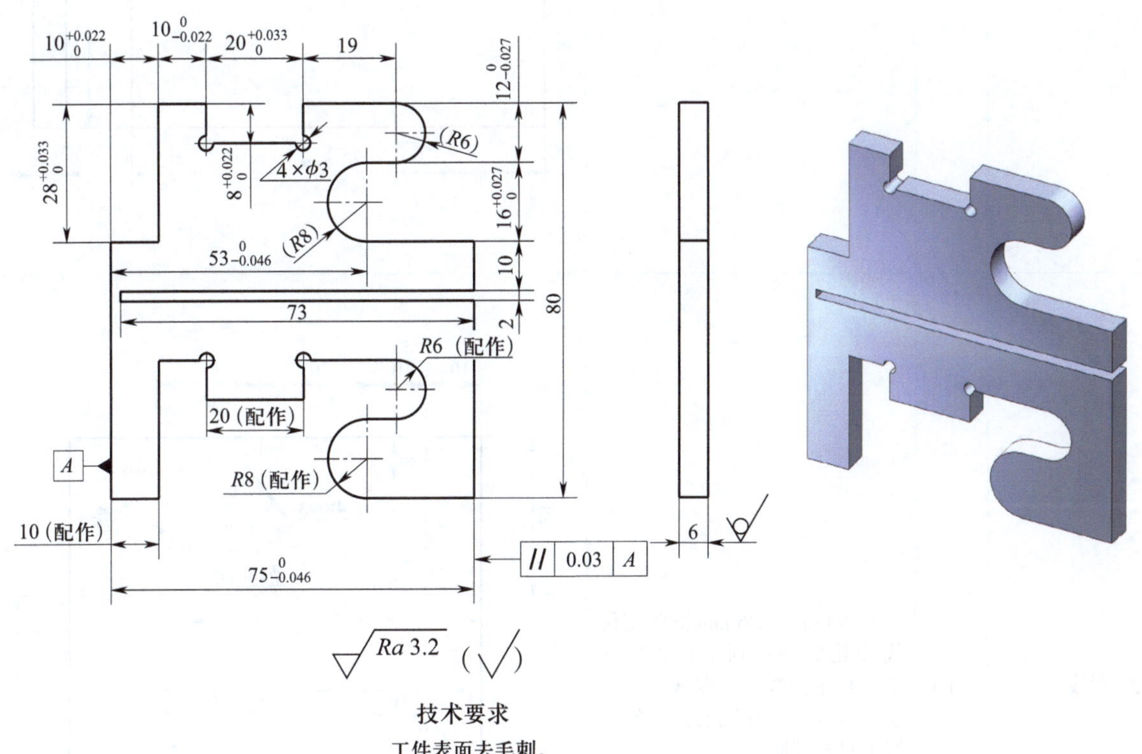

图 8–1　双圆弧样板

二、加工工艺过程

双圆弧样板的加工工艺过程见表 8–1。

表 8–1　双圆弧样板的加工工艺过程

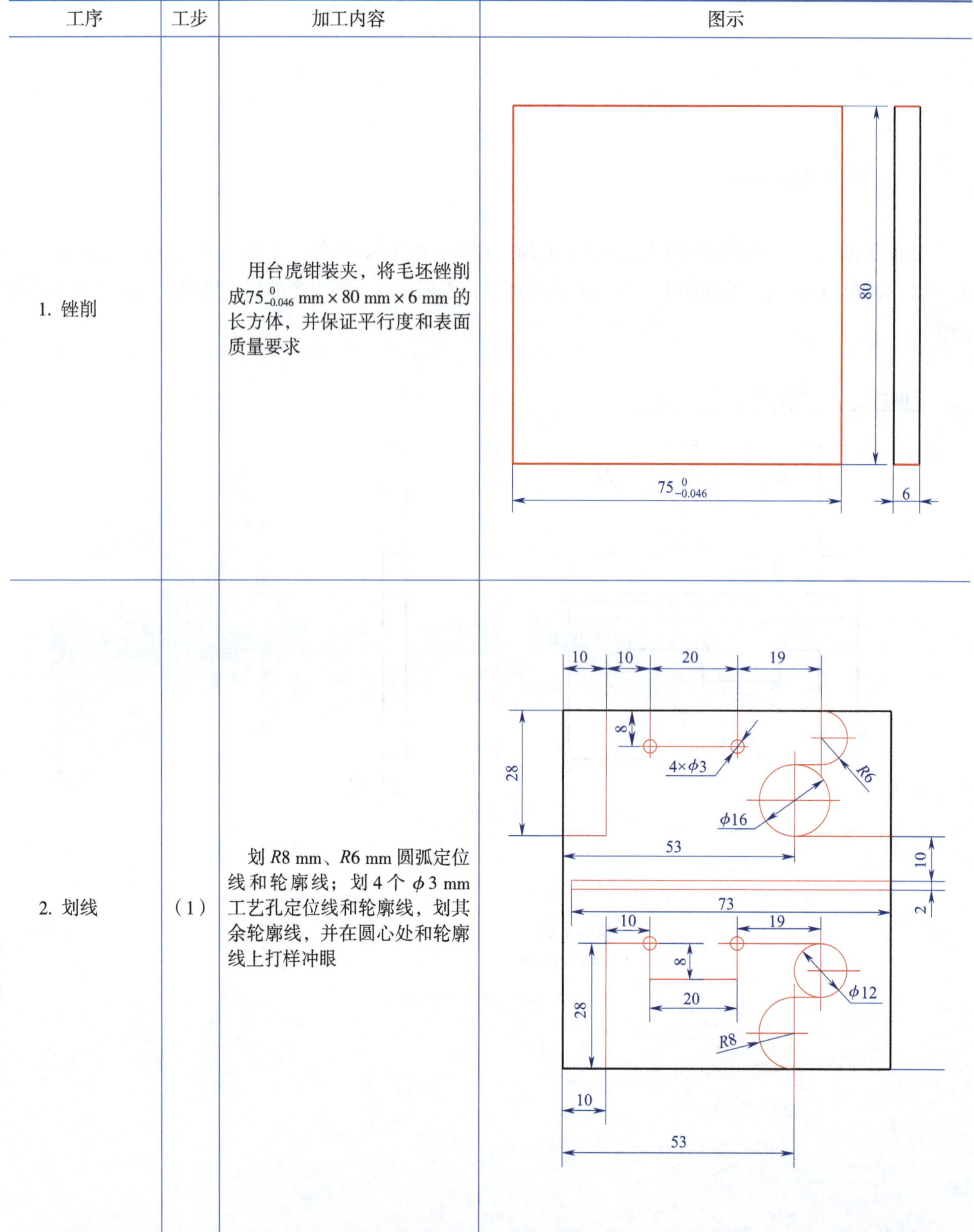

工序	工步	加工内容	图示
1. 锉削		用台虎钳装夹，将毛坯锉削成$75^{0}_{-0.046}$ mm × 80 mm × 6 mm 的长方体，并保证平行度和表面质量要求	
2. 划线	（1）	划 *R*8 mm、*R*6 mm 圆弧定位线和轮廓线；划 4 个 ϕ3 mm 工艺孔定位线和轮廓线，划其余轮廓线，并在圆心处和轮廓线上打样冲眼	

续表

工序	工步	加工内容	图示
2. 划线	（2）	在工件上部距离轮廓线 1.5 mm 处划锯削线，在凹槽底部划去料排孔，在圆心处打样冲眼；在工件下部划 2 个 ϕ8 mm 去料孔定位线和轮廓线，并划锯削线	6×ϕ3 15 5 5 23 2×ϕ8
3. 钻孔		用 ϕ3 mm 麻花钻钻 ϕ3 mm 工艺孔和去料排孔，用 ϕ8 mm 麻花钻钻 ϕ8 mm 去料孔，用 ϕ11.8 mm 麻花钻钻 R6 mm 凹弧的底孔，用 ϕ15.8 mm 麻花钻钻 R8 mm 凹弧的底孔	ϕ15.8 10×ϕ3 2×ϕ8 ϕ11.8
4. 铰孔		用 ϕ12H7 和 ϕ16H7 铰刀手工铰 R6 mm 和 R8 mm 圆孔至尺寸要求	ϕ16 ϕ12

续表

工序	工步	加工内容	图示
5. 锯削和錾削		沿锯削线进行锯削，在上部凹槽处用扁錾錾削，去除工件余料	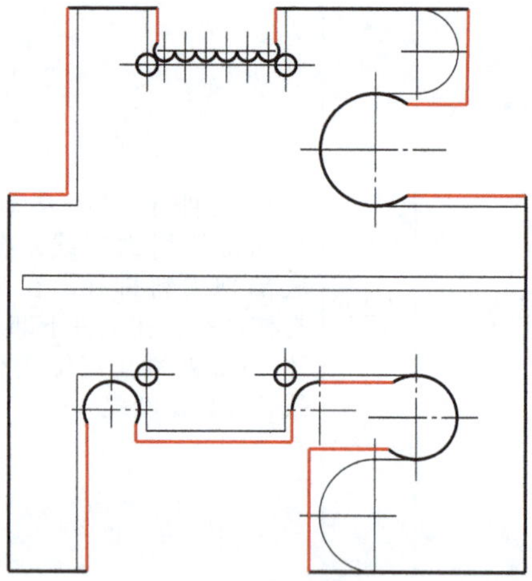
6. 锉削	（1）	粗、精锉双圆弧样板顶部至尺寸精度和表面质量要求	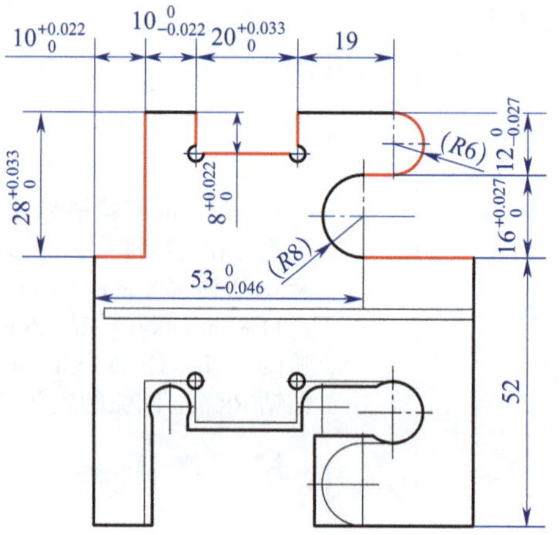 $10^{+0.022}_{0}$ $10^{0}_{-0.022}$ $20^{+0.033}_{0}$ 19 $28^{+0.033}_{0}$ $8^{+0.022}_{0}$ (R6) $12^{0}_{-0.027}$ $16^{+0.027}_{0}$ (R8) $53^{0}_{-0.046}$ 52
	（2）	根据双圆弧样板顶部轮廓，粗、精锉双圆弧样板底部至尺寸精度和表面质量要求	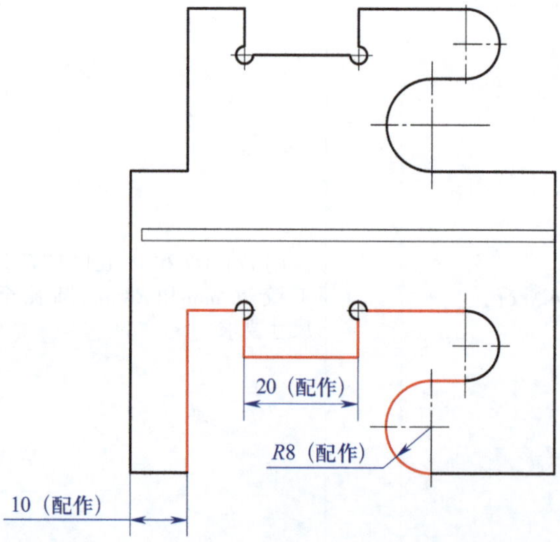 20（配作） R8（配作） 10（配作）

续表

工序	工步	加工内容	图示
7. 锯削		锯削中间窄缝	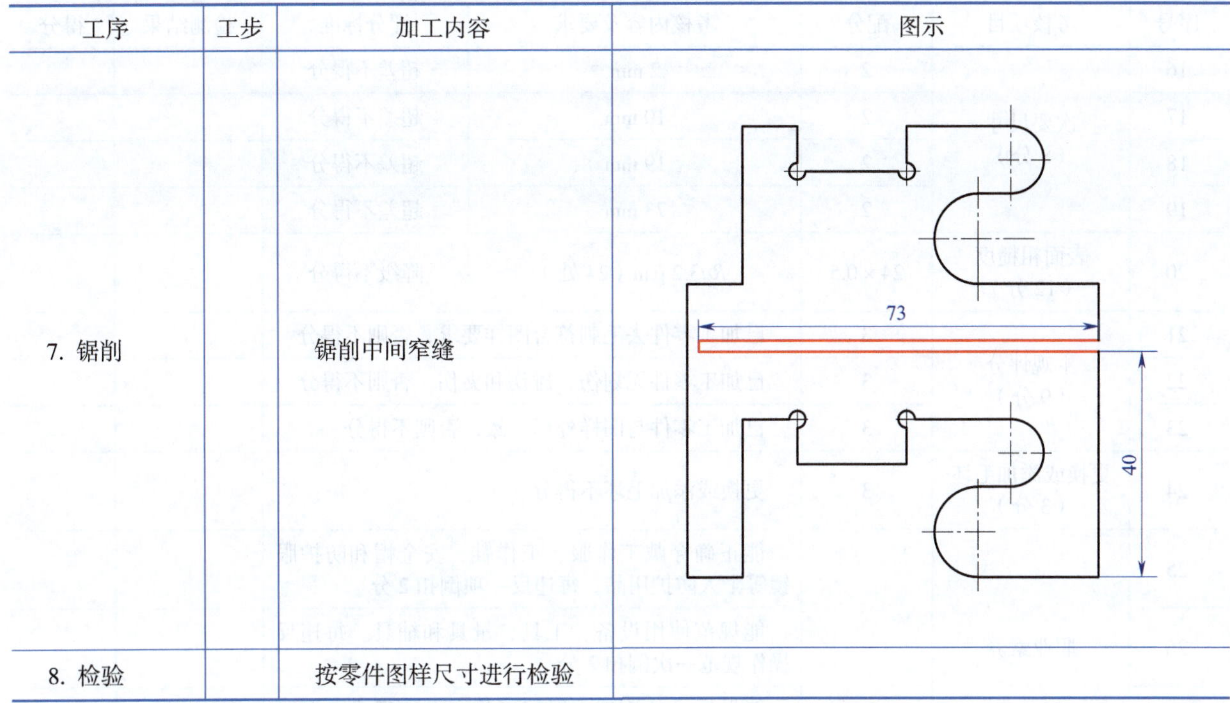
8. 检验		按零件图样尺寸进行检验	

三、加工质量检测

表 8–2 为双圆弧样板加工质量检测表。

表 8–2 **双圆弧样板加工质量检测表**

序号	考核项目	配分	考核内容及要求	评分标准	检测结果	得分
1	主要尺寸（68 分）	5	$75_{-0.046}^{0}$ mm	超差不得分		
2		5	$10_{0}^{+0.022}$ mm	超差不得分		
3		5	$10_{-0.022}^{0}$ mm	超差不得分		
4		5	$20_{0}^{+0.033}$ mm	超差不得分		
5		5	$8_{0}^{+0.022}$ mm	超差不得分		
6		5	$12_{-0.027}^{0}$ mm	超差不得分		
7		5	$16_{0}^{+0.027}$ mm	超差不得分		
8		5	$53_{-0.046}^{0}$ mm	超差不得分		
9		4	$28_{0}^{+0.033}$ mm	超差不得分		
10		4	*R*6 mm（配作）	超差不得分		
11		4	*R*8 mm（配作）	超差不得分		
12		4	20 mm（配作）	超差不得分		
13		4	10 mm（配作）	超差不得分		
14		4	// 0.03 *A*	超差不得分		
15		4	80 mm	超差不得分		

续表

序号	考核项目	配分	考核内容及要求	评分标准	检测结果	得分
16	次要尺寸（8分）	2	2 mm	超差不得分		
17		2	10 mm	超差不得分		
18		2	19 mm	超差不得分		
19		2	73 mm	超差不得分		
20	表面粗糙度（12分）	24 × 0.5	*Ra*3.2 μm（24处）	降级不得分		
21	主观评分（9分）	3	已加工零件去毛刺符合图样要求，否则不得分			
22		3	已加工零件无划伤、碰伤和夹伤，否则不得分			
23		3	已加工零件与图样外形一致，否则不得分			
24	更换或添加毛坯（3分）	3	更换或添加毛坯不得分			
25	职业素养		能正确穿戴工作服、工作鞋、安全帽和防护眼镜等个人防护用品。每违反一项倒扣2分			
26			能规范使用设备、工具、量具和辅具。每违反操作规范一次倒扣2分			
27			能做好设备清理、保养工作。未清理或未保养倒扣3分，清理或保养不彻底倒扣2分			
总配分		100	总得分			

学习任务 9　限位块的制作

一、工作任务描述

某企业接到一批限位块（图 9–1）的加工订单，数量为 30 件，毛坯为 65 mm × 65 mm × 18 mm 的块料，材料为 45 钢，毛坯上、下两面无须加工，工期为 5 天。生产部门安排钳工组完成此零件的制作。

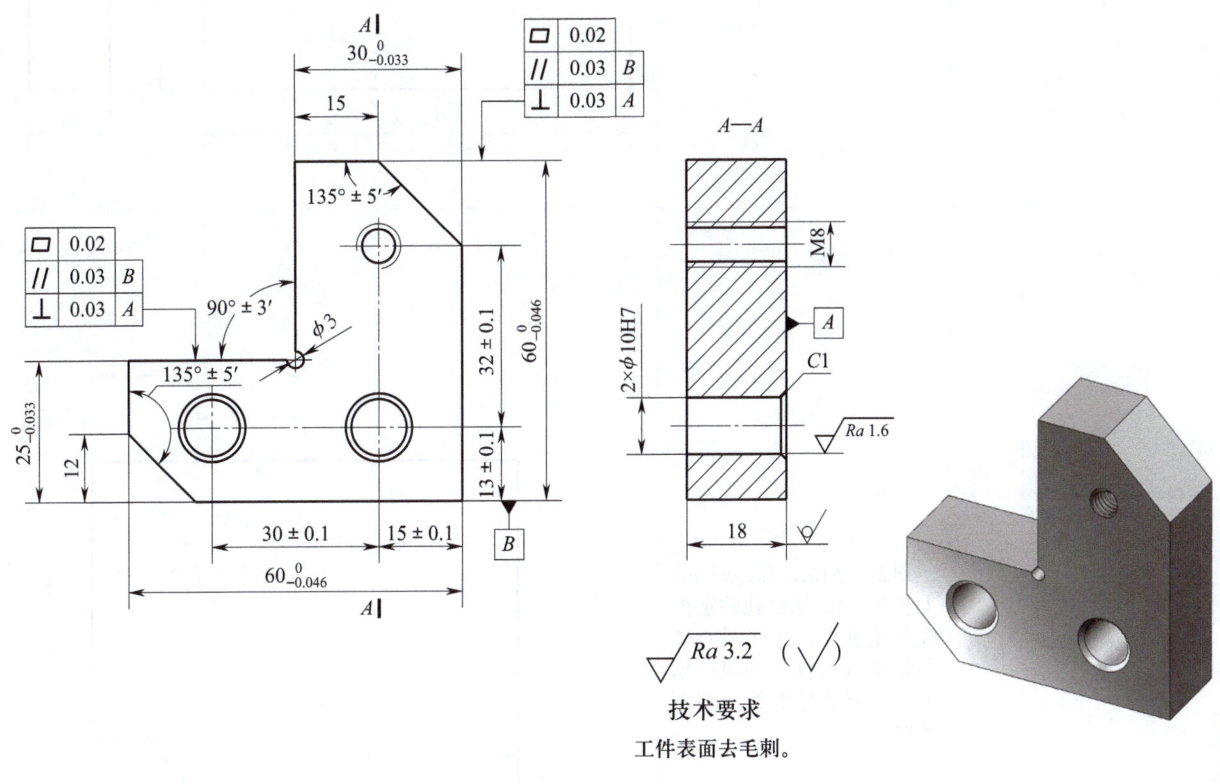

图 9–1　限位块

二、加工工艺过程

限位块的加工工艺过程见表 9–1。

表 9–1 **限位块的加工工艺过程**

工序	工步	加工内容	图示
1. 锉削		用台虎钳装夹，将毛坯锉削成 $60_{-0.046}^{0}$ mm × $60_{-0.046}^{0}$ mm × 18 mm 的长方体，并保证平面度、平行度、垂直度和表面质量要求	
2. 划线	（1）	划 2 个 ϕ10H7 孔、ϕ3 mm 工艺孔、M8 螺纹孔的定位线和轮廓线，并在圆心处和轮廓线上打样冲眼；划水平和竖直轮廓线；划两条斜轮廓线	

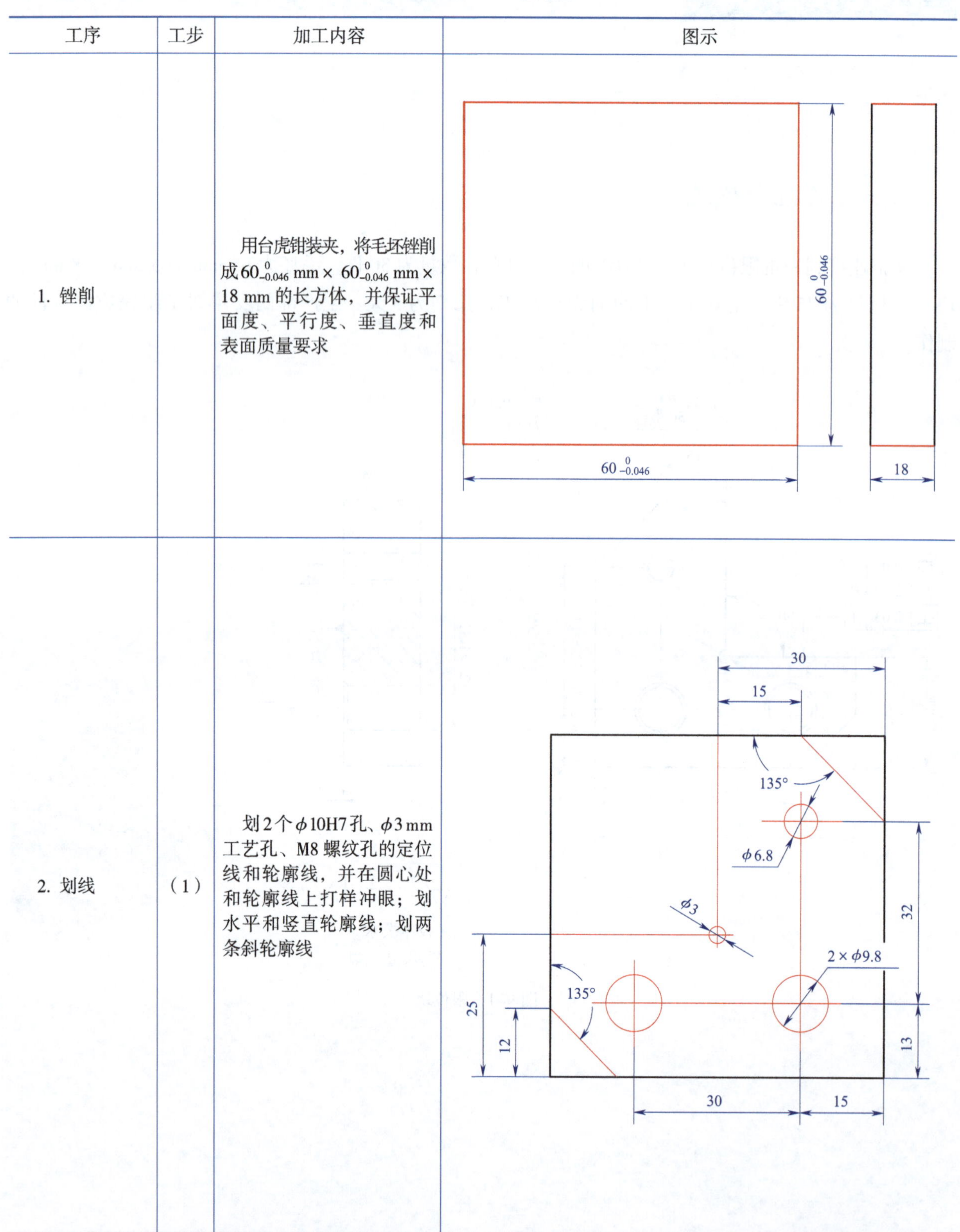

续表

工序	工步	加工内容	图示
2. 划线	（2）	距离轮廓线 1.5 mm 处划锯削线	
3. 钻孔并倒角		用ϕ3 mm麻花钻钻ϕ3 mm工艺孔，用ϕ6.8 mm麻花钻钻M8螺纹孔的底孔，用ϕ9.8 mm麻花钻钻ϕ10H7孔的底孔，用ϕ16 mm麻花钻对ϕ10H7孔的底孔进行孔口倒角	ϕ6.8 ϕ3 2×ϕ12 2×ϕ9.8
4. 铰孔		用ϕ10H7铰刀手工铰2个ϕ10H7孔至尺寸要求	2×ϕ10H7

续表

工序	工步	加工内容	图示
5. 攻螺纹		用 M8 丝锥手动攻 M8 螺纹	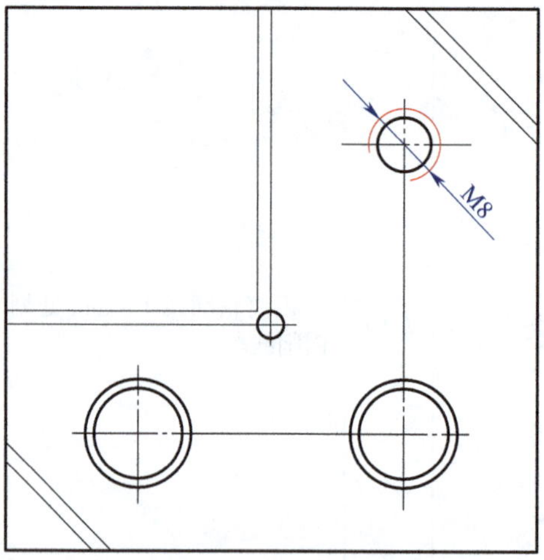 M8
6. 锯削		沿锯削线进行锯削，去除余料	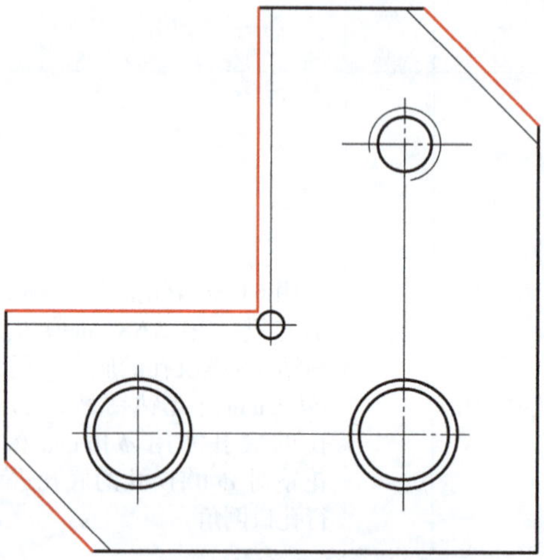
7. 锉削		粗、精锉限位块轮廓至尺寸精度、几何精度和表面质量要求	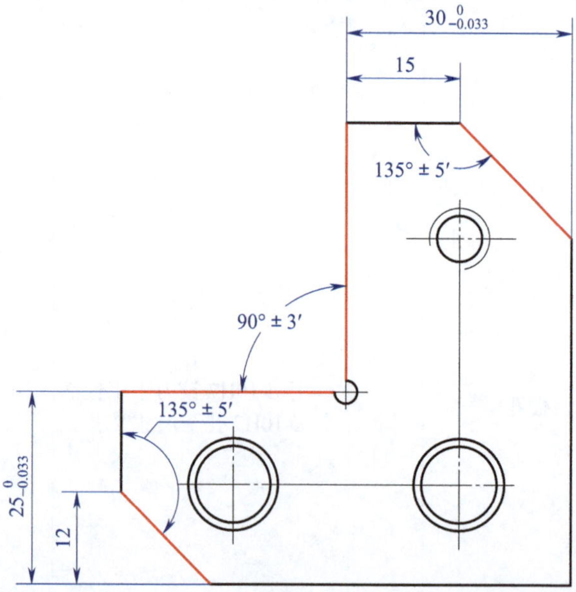 $30_{-0.033}^{0}$ 15 135° ± 5′ 90° ± 3′ 135° ± 5′ $25_{-0.033}^{0}$ 12
8. 检验		按零件图样尺寸进行检验	

三、加工质量检测

表 9–2 为限位块加工质量检测表。

表 9–2　　限位块加工质量检测表

序号	考核项目	配分	考核内容及要求	评分标准	检测结果	得分
1	主要尺寸（66 分）	2 × 3	$60_{-0.046}^{0}$ mm（2 处）	超差不得分		
2		3	$25_{-0.033}^{0}$ mm	超差不得分		
3		3	$30_{-0.033}^{0}$ mm	超差不得分		
4		3	（15 ± 0.1）mm	超差不得分		
5		3	（13 ± 0.1）mm	超差不得分		
6		3	（30 ± 0.1）mm	超差不得分		
7		3	（32 ± 0.1）mm	超差不得分		
8		2 × 4	135° ± 5′（2 处）	超差不得分		
9		4	90° ± 3′	超差不得分		
10		2 × 3	▱ 0.02（2 处）	超差不得分		
11		2 × 3	// 0.03 *B*（2 处）	超差不得分		
12		2 × 3	⊥ 0.03 *A*（2 处）	超差不得分		
13		4	M8	不合格不得分		
14		2 × 4	ϕ 10H7（2 处）	超差不得分		
15	次要尺寸（8 分）	2	12 mm	超差不得分		
16		2	15 mm	超差不得分		
17		2	ϕ 3 mm	超差不得分		
18		2 × 1	*C*1 mm（2 处）	超差不得分		
19	表面粗糙度（13 分）	2 × 2	*Ra*1.6 μm（2 处）	降级不得分		
20		9 × 1	*Ra*3.2 μm（9 处）	降级不得分		
21	主观评分（10 分）	3.5	已加工零件去毛刺符合图样要求，否则不得分			
22		3.5	已加工零件无划伤、碰伤和夹伤，否则不得分			
23		3	已加工零件与图样外形一致，否则不得分			
24	更换或添加毛坯（3 分）	3	更换或添加毛坯不得分			
25	职业素养		能正确穿戴工作服、工作鞋、安全帽和防护眼镜等个人防护用品。每违反一项倒扣 2 分			
26			能规范使用设备、工具、量具和辅具。每违反操作规范一次倒扣 2 分			
27			能做好设备清理、保养工作。未清理或未保养倒扣 3 分，清理或保养不彻底倒扣 2 分			
总配分		100	总得分			

学习任务 10　凹凸、燕尾的锉配

一、工作任务描述

某企业接到一批凹凸、燕尾锉配（图 10–1）的加工订单，数量为 30 副，毛坯为 62 mm × 62 mm × 8 mm 的板料（60 块），材料为 45 钢，毛坯的上、下两面无须加工，工期为 5 天。生产部门安排钳工组完成此零件的制作。工件 2 能翻转装配，装配后左侧面的平面度不大于 0.1 mm，大面的平面度不大于 0.1 mm，各配合面间隙不大于 0.06 mm。

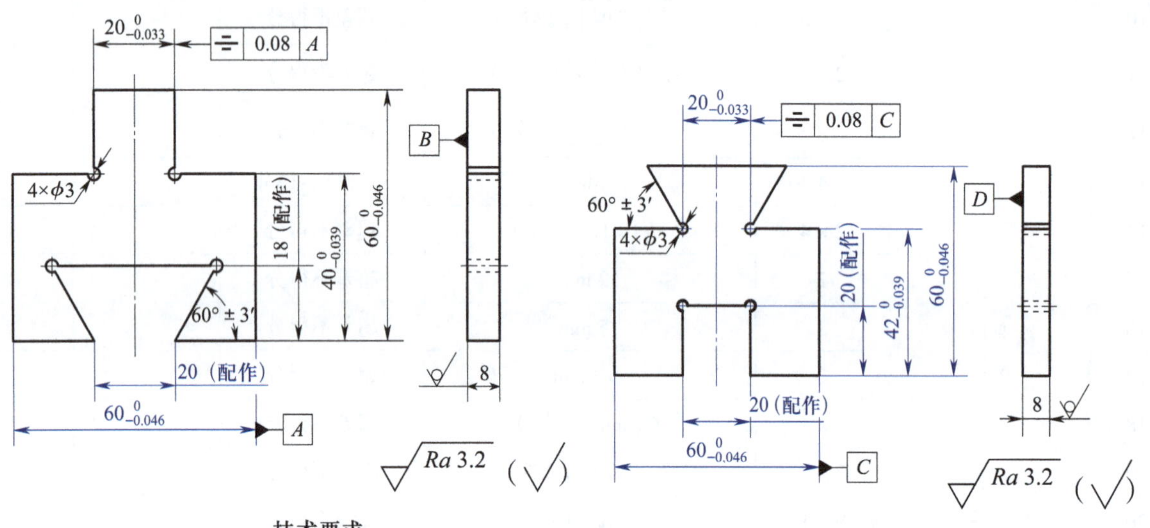

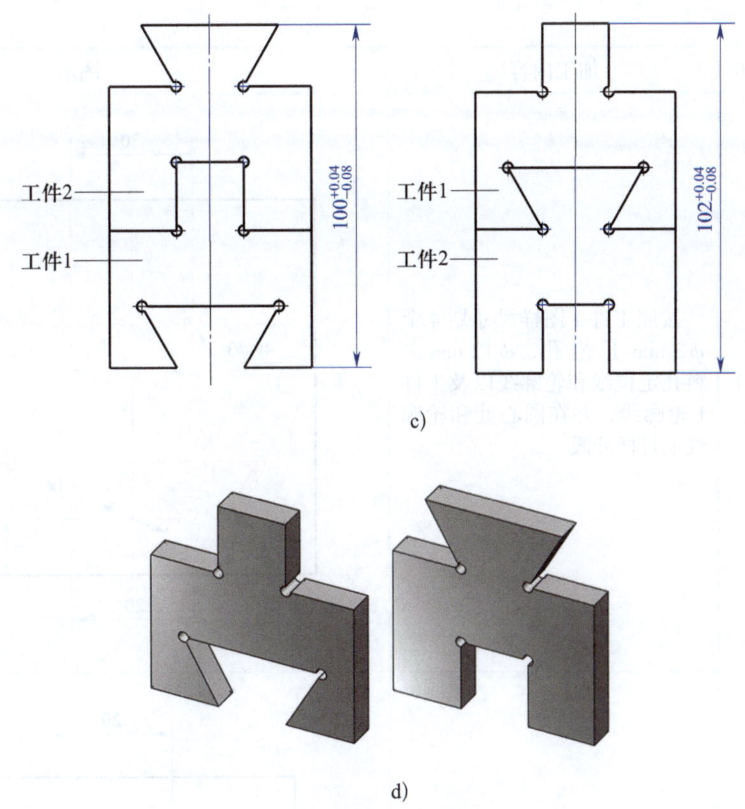

c)

d)

图 10-1　凹凸、燕尾锉配

a）工件 1　b）工件 2　c）装配图　d）立体图

二、加工工艺过程

凹凸配合加工工艺过程见表 10-1，燕尾配合加工工艺过程见表 10-2。

表 10-1　凹凸配合加工工艺过程

工序	工步	加工内容	图示
1. 锉削长方体（两块）		用台虎钳装夹，将毛坯锉削成$60^{0}_{-0.046}$ mm × $60^{0}_{-0.046}$ mm × 8 mm 的长方体，并保证平面度、垂直度和表面质量要求	$60^{0}_{-0.046}$　$60^{0}_{-0.046}$　8

续表

工序	工步	加工内容	图示
2. 划线	（1）	按照工件1图样尺寸划4个 ϕ3 mm 工艺孔、ϕ12 mm 去料孔定位线和轮廓线以及工件1轮廓线，并在圆心处和轮廓线上打样冲眼	20；4×ϕ3；ϕ12；60°；40；18；9；20
	（2）	按照工件2图样尺寸划4个 ϕ3 mm 工艺孔定位线和工件2轮廓线，并在工艺孔圆心处和轮廓线上打样冲眼	20；60°；4×ϕ3；18；20；20
	（3）	在距离轮廓线1.5 mm 处划工件1左上角和右上角锯削线	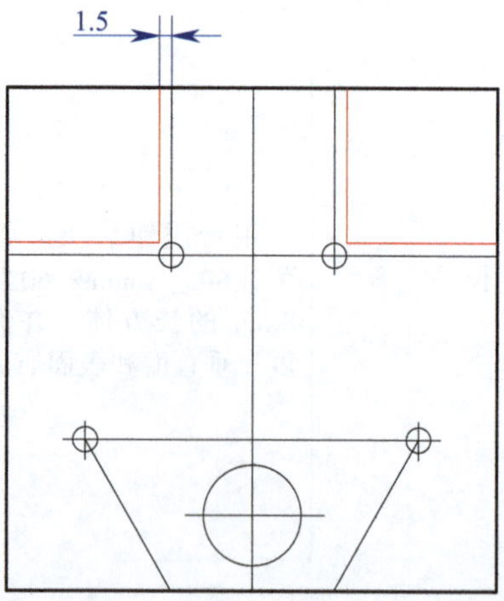 1.5

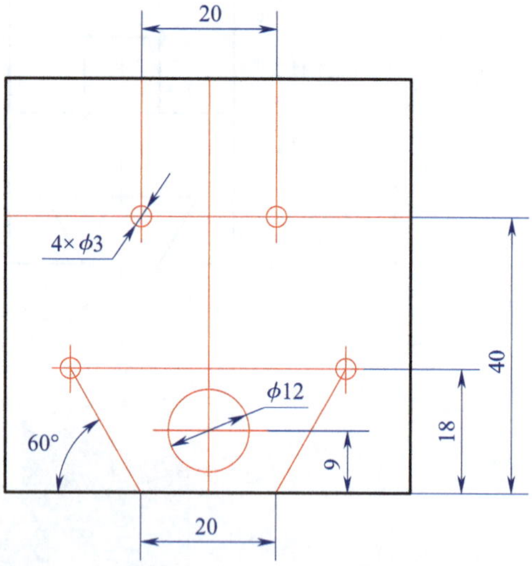

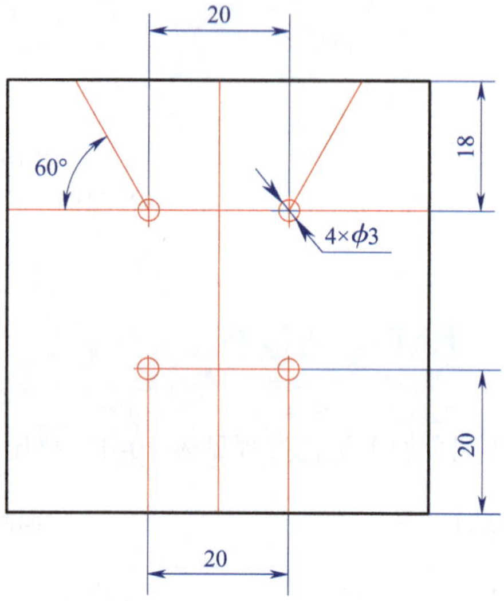

续表

工序	工步	加工内容	图示
3. 钻孔		用 ϕ3 mm 麻花钻钻工件 1 上的 4 个 ϕ3 mm 工艺孔	4×ϕ3
4. 加工工件 1 右上角		（1）测量宽度实际尺寸并记录 （2）用锯削方法去除右上角 （3）粗锉两锯削面，留精加工余量 0.2 mm （4）精加工保证肩高尺寸 $40_{-0.039}^{0}$ mm 至要求，保证该水平面的垂直度、平面度和表面质量达到要求 （5）精加工保证肩宽尺寸（实际尺寸 /2+10）至要求，保证该竖直面的垂直度、平面度和表面质量达到要求	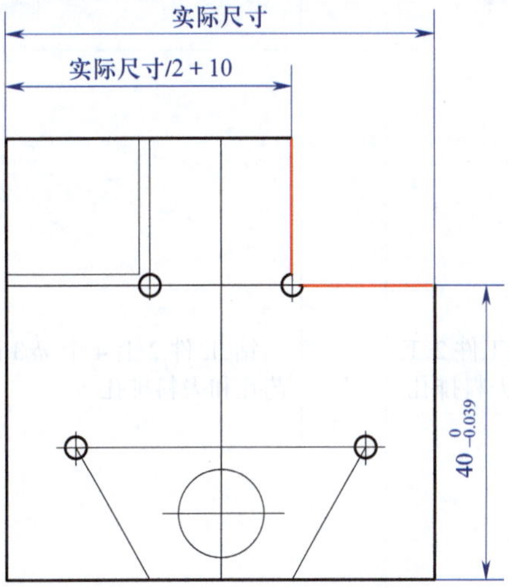 实际尺寸 实际尺寸/2 + 10 $40_{-0.039}^{0}$
5. 加工工件 1 左上角		用加工右肩的方法加工左肩，保证各面的垂直度、平面度、表面质量、对称度以及尺寸$20_{-0.033}^{0}$ mm 和$40_{-0.039}^{0}$ mm 达到要求，保证左肩与右肩等高	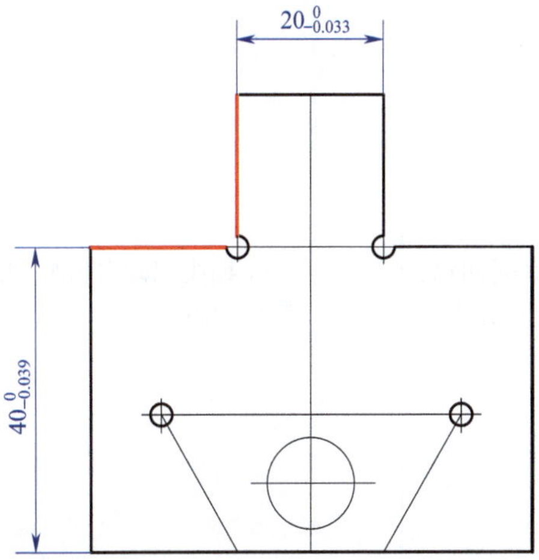 $20_{-0.033}^{0}$ $40_{-0.039}^{0}$

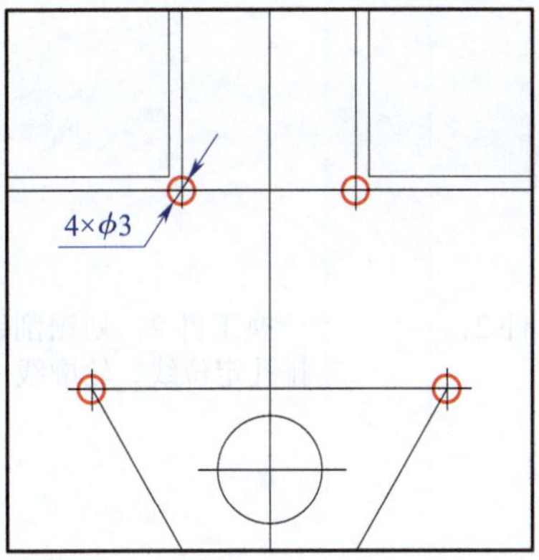

续表

工序	工步	加工内容	图示
6. 换工件 2，划线		换工件 2，划锯削线和去料排孔定位线、轮廓线	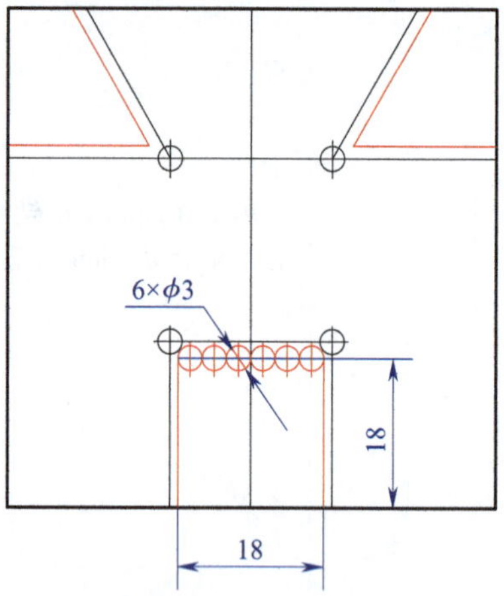 6×ϕ3 18 18
7. 钻工件 2 工艺孔和去料排孔		钻工件 2 上 4 个 ϕ3 mm 工艺孔和去料排孔	10×ϕ3
8. 锯削凹槽，去掉中间余料		沿锯削线锯削凹槽，并用扁錾去掉中间余料	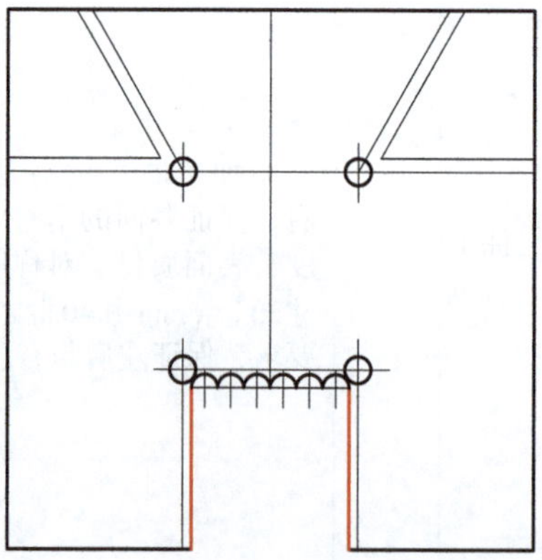

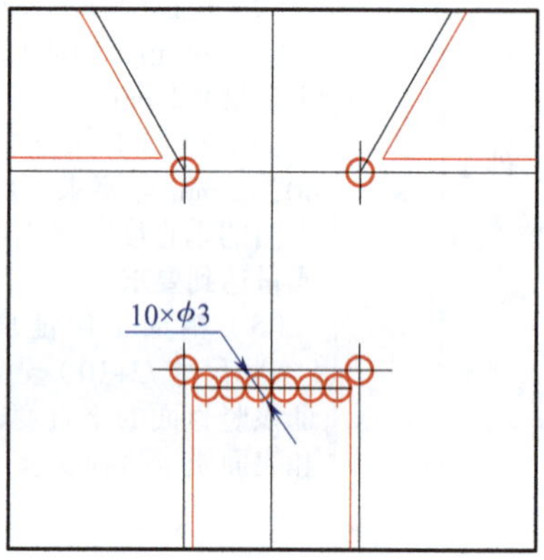

续表

工序	工步	加工内容	图示
9. 粗锉凹槽各面，精锉凹槽左侧面		（1）粗锉凹槽各面，留精加工余量 0.2 mm （2）测量实际长度尺寸和凸台实际长度尺寸，并记录 （3）精加工凹槽左侧面，保证尺寸精度（实际长度尺寸 /2–凸台实际长度尺寸 /2）以及垂直度、平面度和表面质量达到要求	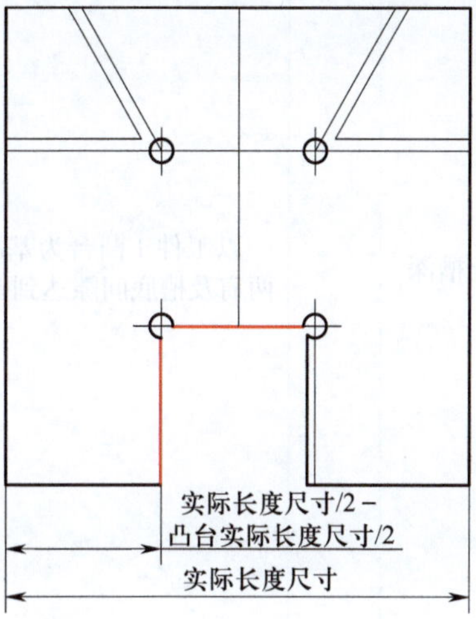 实际长度尺寸/2 – 凸台实际长度尺寸/2 实际长度尺寸
10. 锉配槽宽		以凹槽左侧面为基准，用工件 1 凸台试配槽宽至间隙达到要求	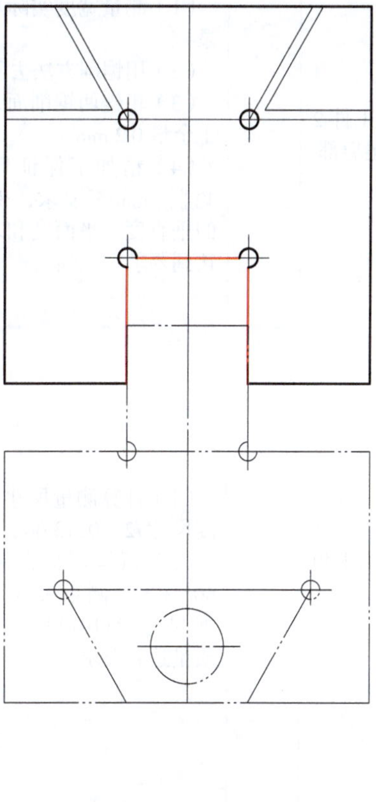

续表

工序	工步	加工内容	图示
11. 锉配槽深		以工件 1 凸台为基准，试配两肩及槽底间隙达到要求	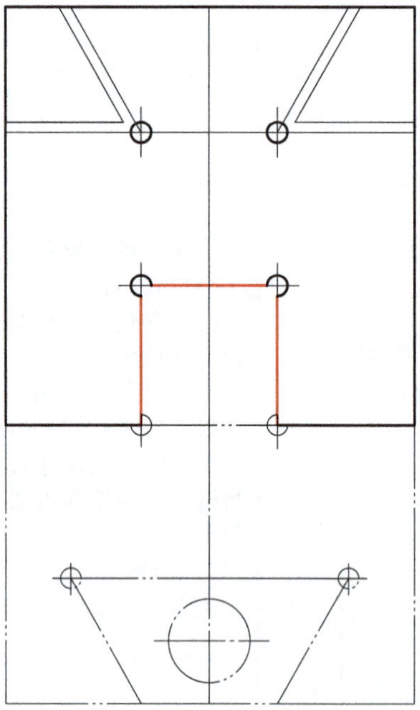

表 10–2　　燕尾配合加工工艺过程

工序	工步	加工内容	图示
1. 加工工件 2 右上角燕尾肩部		（1）测量宽度实际尺寸并记录 （2）用锯削方法去除右上角 （3）粗锉两锯削面，留精加工余量 0.2 mm （4）精加工保证肩高尺寸 $42_{-0.039}^{0}$ mm 至要求，保证各面的垂直度、平面度和表面质量达到要求	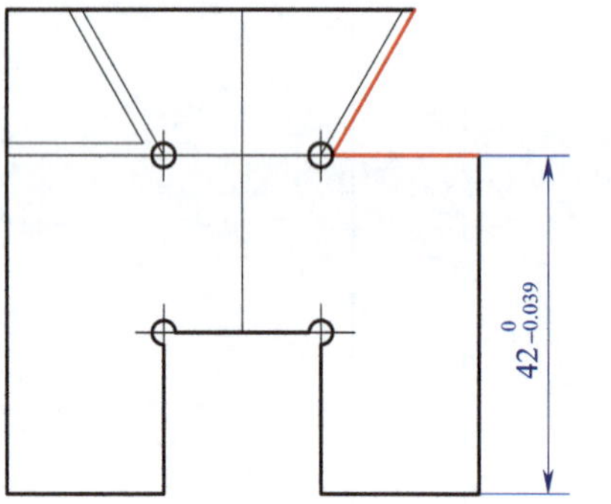 $42_{-0.039}^{0}$
2. 加工右上角燕尾		（1）计算测量尺寸（实际宽度尺寸 /2+10+13.66） （2）精锉斜面，保证角度 60°±3′、测量尺寸（实际宽度尺寸 /2+10+13.66）和表面质量达到要求	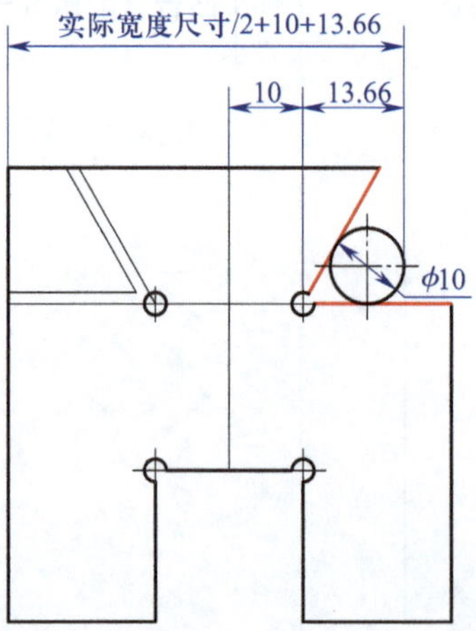 实际宽度尺寸/2+10+13.66 10 13.66 ϕ10

续表

工序	工步	加工内容	图示
3. 加工左上角燕尾		按照加工右上角燕尾方法加工左上角燕尾，保证两肩等高，燕尾宽度尺寸、角度 60° ± 3′以及对称度和表面质量达到要求	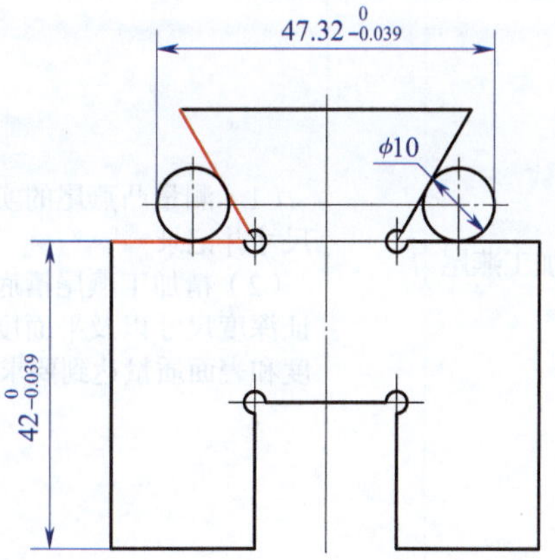
4. 换工件 1，钻去料孔		在距工件 1 底面 9 mm 处钻 ϕ12 mm 去料孔	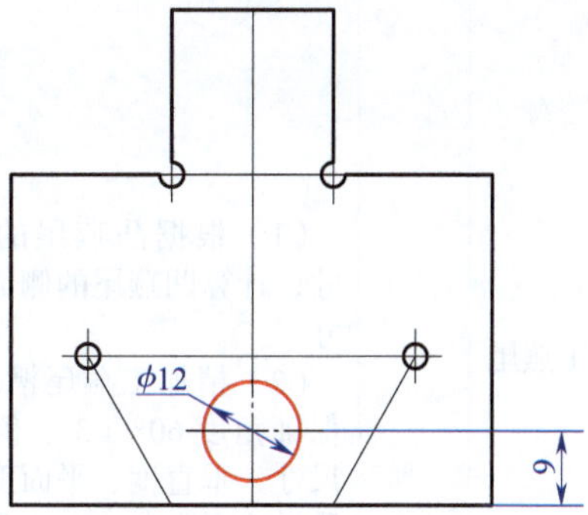
5. 去除中间余料		为防止工件变形，用锯削方法去除余料。用手锯将 ϕ12 mm 孔锯通，再用锉刀把底部锉平	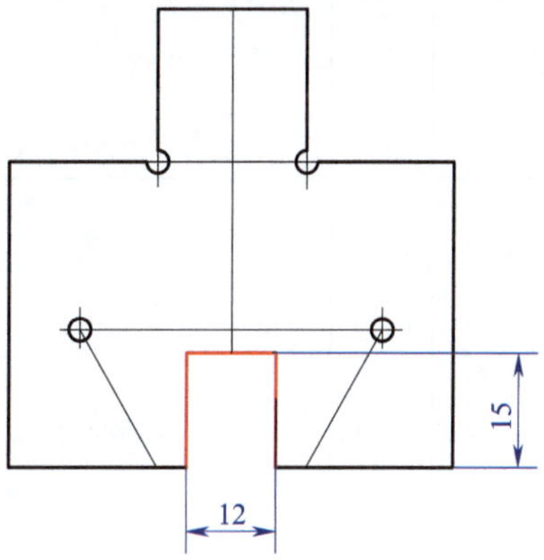
6. 粗加工燕尾槽		用锯削方法去除燕尾槽其他余料，粗锉燕尾槽各面，留 0.2 mm 精加工余量	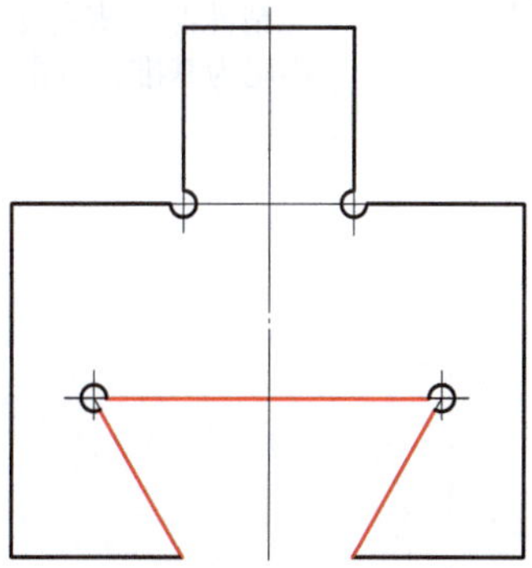

续表

工序	工步	加工内容	图示
7. 精加工燕尾槽底面		（1）测量凸燕尾的实际高度尺寸并记录 （2）精加工燕尾槽底面，保证深度尺寸以及平面度、垂直度和表面质量达到要求	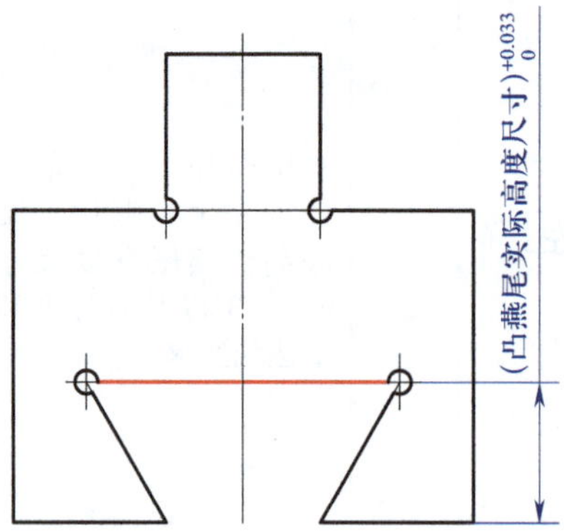 (凸燕尾实际高度尺寸) $^{+0.033}_{0}$
8. 精加工燕尾槽左侧面		（1）根据凸燕尾的实际尺寸，计算凹燕尾的侧面测量尺寸 （2）精加工燕尾槽左侧面，保证角度 60° ± 3′、侧面测量尺寸、垂直度、平面度和表面质量达到要求	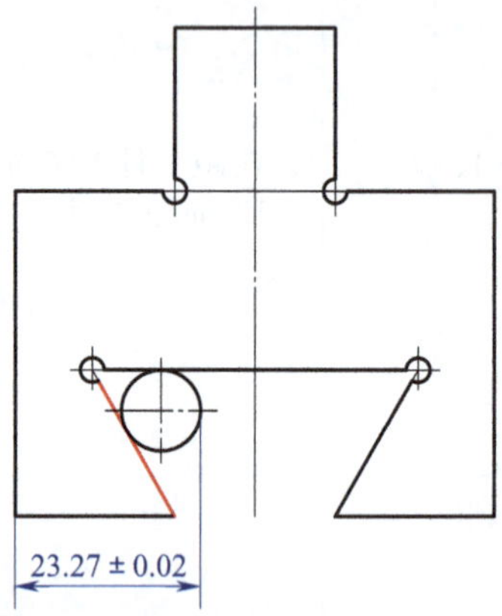 23.27 ± 0.02
9. 锉配燕尾槽宽度		精锉燕尾槽右侧斜面，以凸燕尾为基准，试配至装入为止	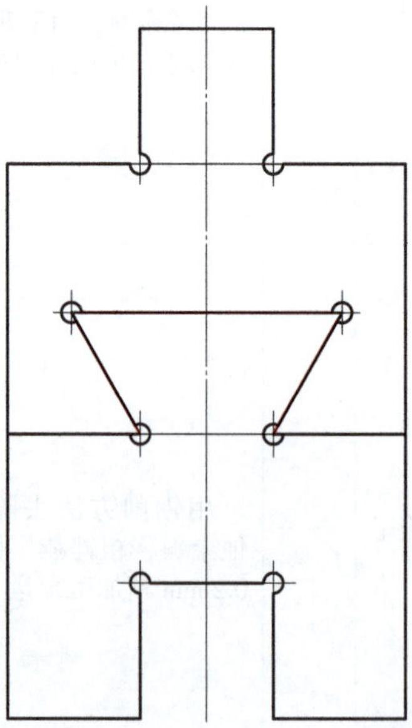

续表

工序	工步	加工内容	图示
10. 综合检查		清理工件，正、反试装检查	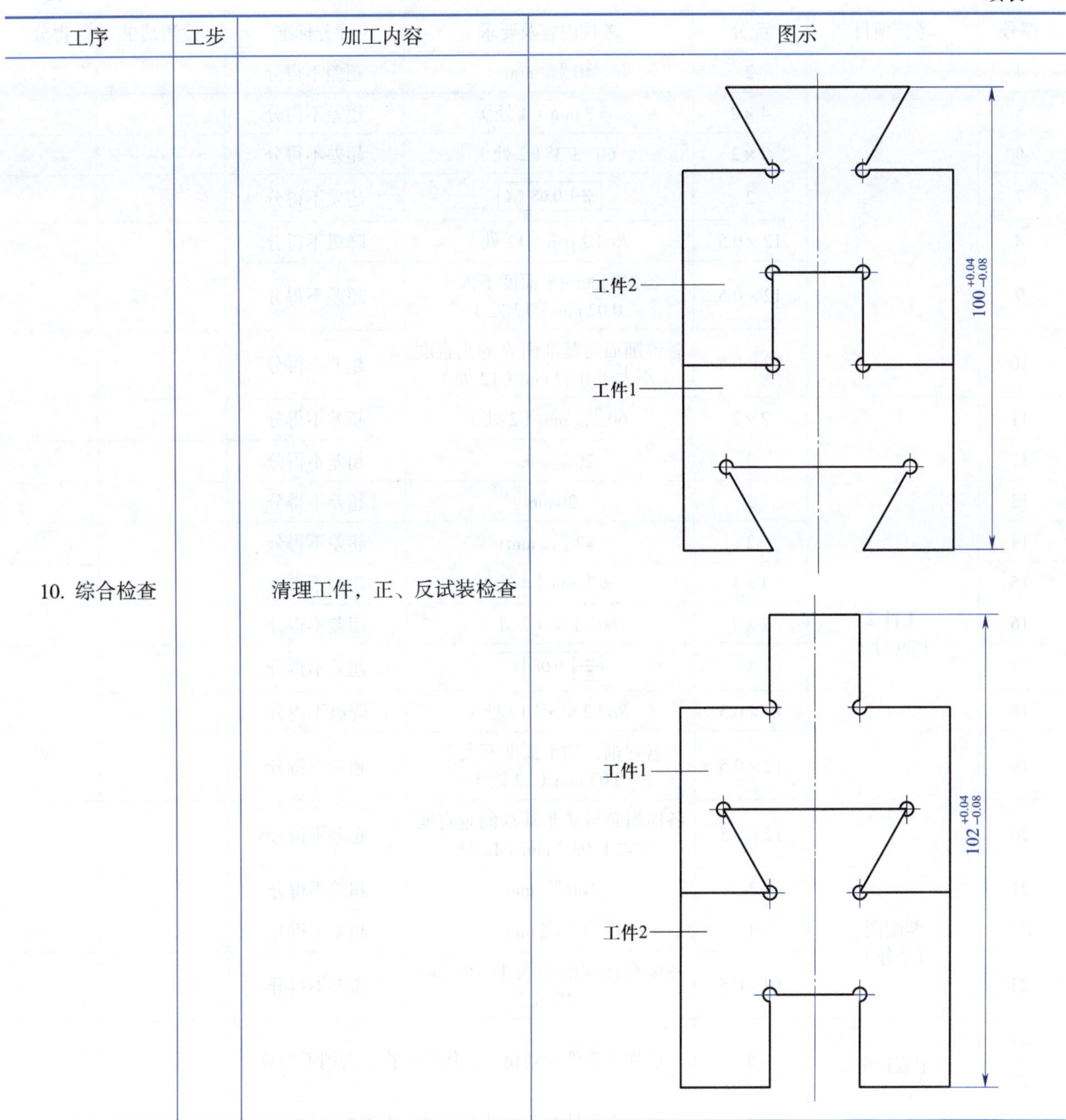

三、加工质量检测

表 10–3 为凹凸、燕尾锉配加工质量检测表。

表 10–3　　凹凸、燕尾锉配加工质量检测表

序号	考核项目	配分	考核内容及要求	评分标准	检测结果	得分
1	工件 1（42 分）	2×2	$60^{\ 0}_{-0.046}$ mm（2 处）	超差不得分		
2		2	$20^{\ 0}_{-0.033}$ mm	超差不得分		
3		2	20 mm	超差不得分		

续表

序号	考核项目	配分	考核内容及要求	评分标准	检测结果	得分
4		2	$40_{-0.039}^{0}$ mm	超差不得分		
5		4×2	ϕ3 mm（4 处）	超差不得分		
6		2×2	60° ±3′（2 处）	超差不得分		
7		2	⌯ 0.08 A	超差不得分		
8		12×0.5	*Ra*3.2 μm（12 处）	降级不得分		
9		12×0.5	各锉削面的平面度不大于 0.02 mm（12 处）	超差不得分		
10		12×0.5	各锉削面与基准面 *B* 的垂直度不大于 0.02 mm（12 处）	超差不得分		
11	工件 2 （39 分）	2×2	$60_{-0.046}^{0}$ mm（2 处）	超差不得分		
12		2	$20_{-0.033}^{0}$ mm	超差不得分		
13		2	20 mm	超差不得分		
14		2	$42_{-0.039}^{0}$ mm	超差不得分		
15		4×1	ϕ3 mm（4 处）	超差不得分		
16		2×2	60° ±3′（2 处）	超差不得分		
17		3	⌯ 0.08 C	超差不得分		
18		12×0.5	*Ra*3.2 μm（12 处）	降级不得分		
19		12×0.5	各锉削面的平面度不大于 0.02 mm（12 处）	超差不得分		
20		12×0.5	各锉削面与基准面 *D* 的垂直度不大于 0.02 mm（12 处）	超差不得分		
21	装配图 （7 分）	1	$100_{-0.08}^{+0.04}$ mm	超差不得分		
22		1	$102_{-0.08}^{+0.04}$ mm	超差不得分		
23		10×0.5	各配合面间隙不大于 0.06 mm（10 处）	超差不得分		
24	主观评分 （10 分）	5	已加工零件无划伤、碰伤和夹伤，否则不得分			
25						
26		5	已加工零件与图样外形一致，否则不得分			
27	更换或添加毛坯 （2 分）	2	更换或添加毛坯不得分			
28	职业素养		能正确穿戴工作服、工作鞋、安全帽和防护眼镜等个人防护用品。每违反一项倒扣 2 分			
29			能规范使用设备、工具、量具和辅具。每违反操作规范一次倒扣 2 分			
30			能做好设备清理、保养工作。未清理或未保养倒扣 3 分，清理或保养不彻底倒扣 2 分			
总配分		100	总得分			

学习任务 11 对称样板的锉配

一、工作任务描述

某企业接到一批对称样板（图 11–1）的锉配订单，数量为 30 件，毛坯为 85 mm × 105 mm × 8 mm 的板料，材料为 45 钢，毛坯上、下两面无须加工，工期为 5 天。生产部门安排钳工组完成此零件的制作。

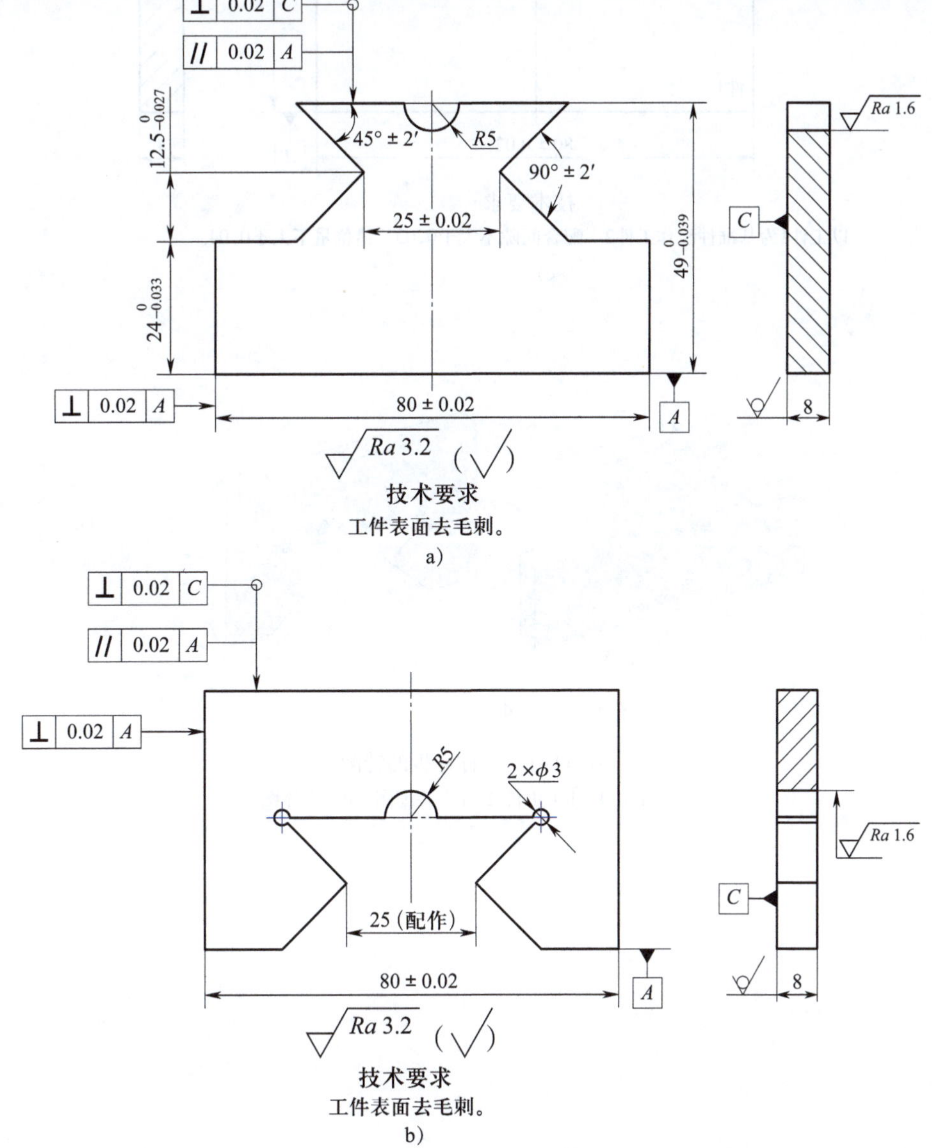

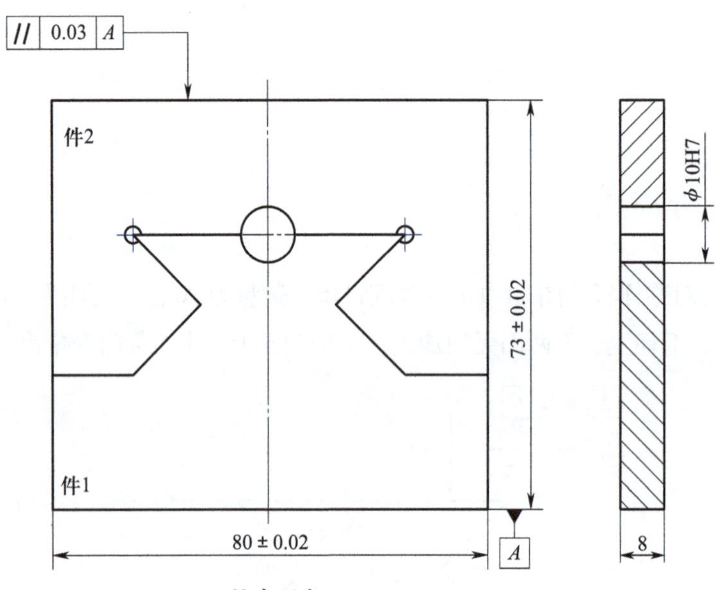

技术要求

以工件1为基准件配作工件2，配合间隙不大于0.03，错位量不大于0.04。

c）

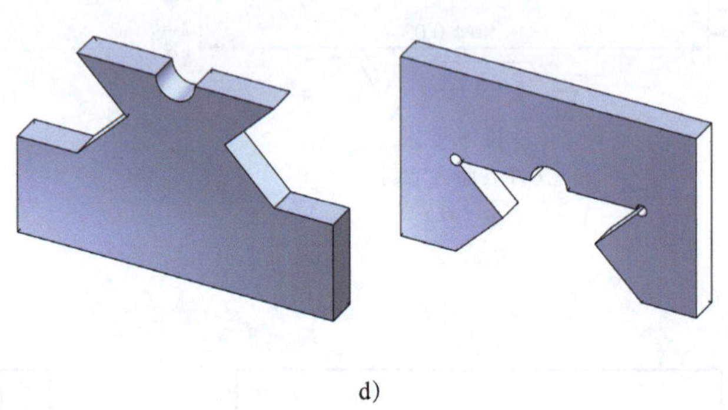

d）

图 11–1　对称样板的锉配

a）工件 1　b）工件 2　c）装配图　d）立体图

二、加工工艺过程

对称样板的锉配工艺过程见表 11–1。

表 11–1　　对称样板的锉配工艺过程

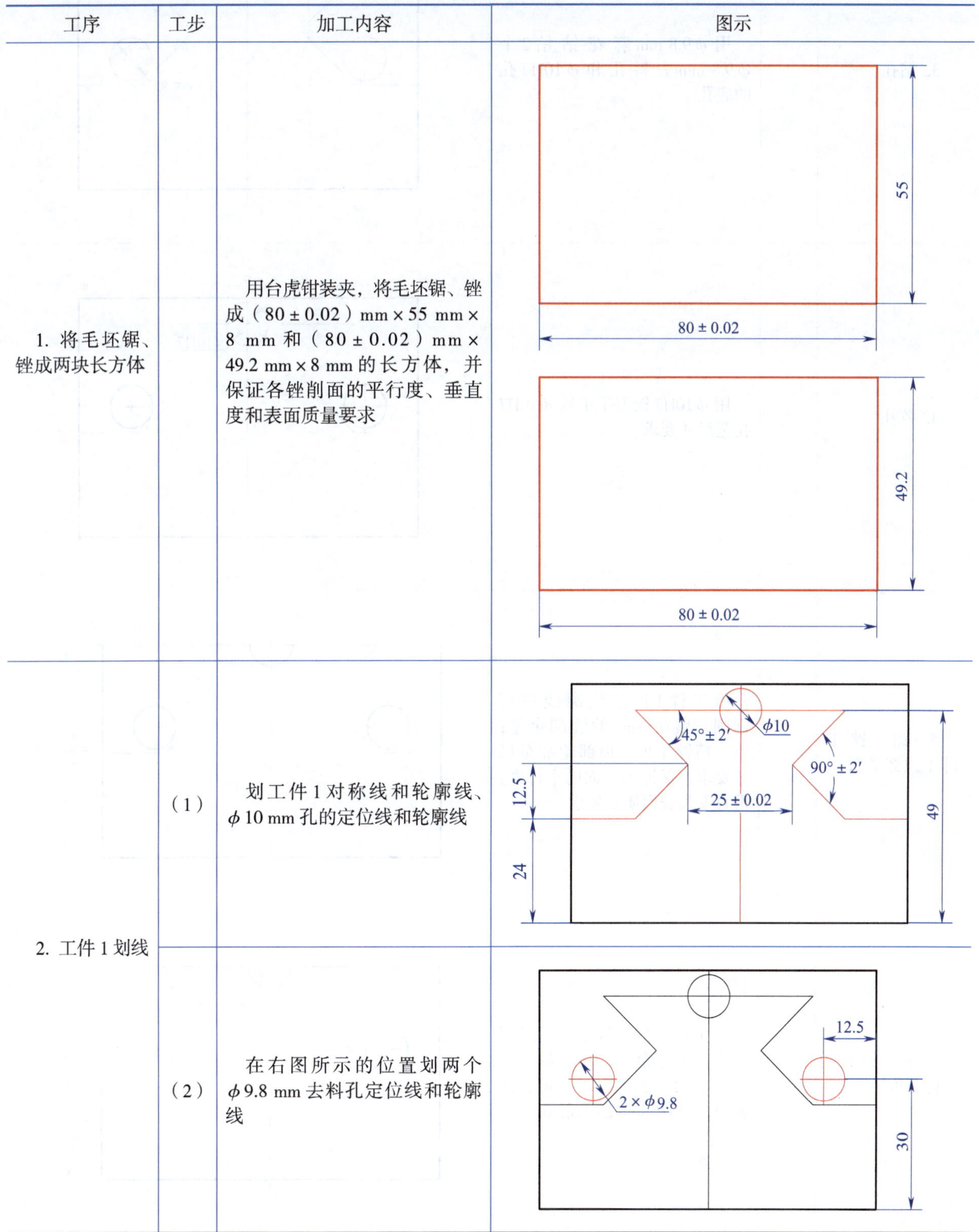

工序	工步	加工内容	图示
1. 将毛坯锯、锉成两块长方体		用台虎钳装夹，将毛坯锯、锉成（80 ± 0.02）mm × 55 mm × 8 mm 和（80 ± 0.02）mm × 49.2 mm × 8 mm 的长方体，并保证各锉削面的平行度、垂直度和表面质量要求	
2. 工件 1 划线	（1）	划工件 1 对称线和轮廓线、ϕ10 mm 孔的定位线和轮廓线	
	（2）	在右图所示的位置划两个 ϕ9.8 mm 去料孔定位线和轮廓线	

续表

工序	工步	加工内容	图示
3. 钻孔		用 ϕ9.8 mm 麻花钻钻 2 个 ϕ9.8 mm 去料孔和 ϕ10H7 孔的底孔	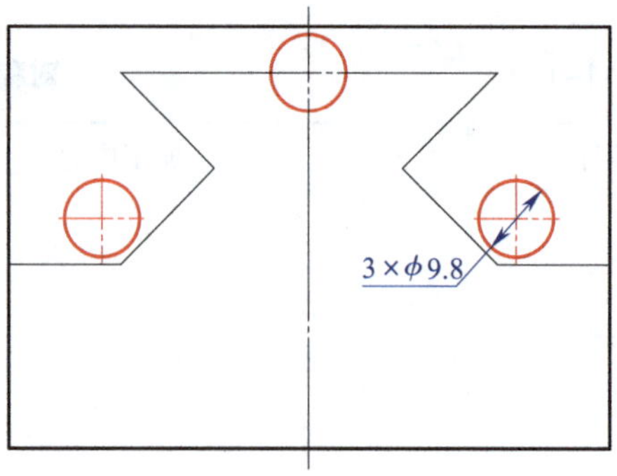
4. 铰孔		用 ϕ10H7 铰刀手工铰 ϕ10H7 孔至尺寸要求	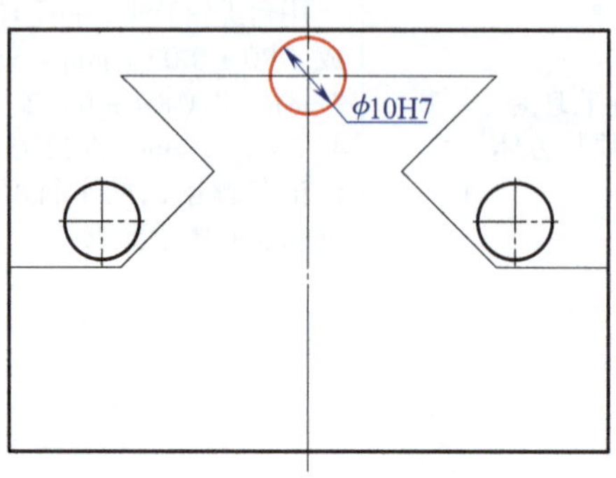
5. 锯、锉工件 1 顶部平面		沿工件 1 顶部轮廓线进行锯削，留 0.5 mm 的锉削余量；粗、精锉工件 1 顶部轮廓至尺寸要求，保证加工面的平行度、垂直度和表面质量要求	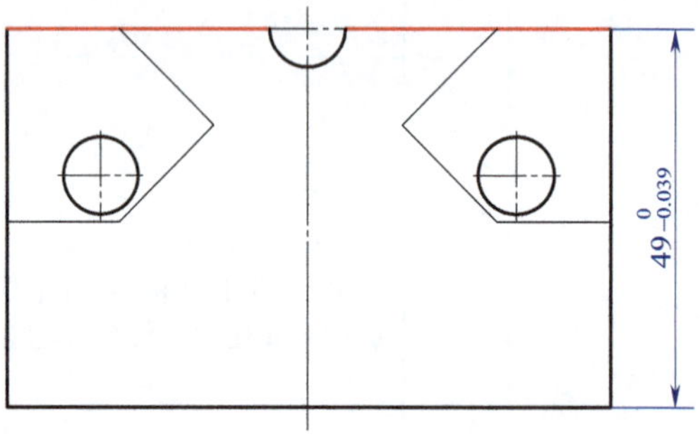
6. 锯、锉工件 1 右上角轮廓		沿工件 1 右上角轮廓线进行锯削，去除余料；粗、精锉右上角平面至加工要求；粗锉两斜面，留 0.5 mm 加工余量	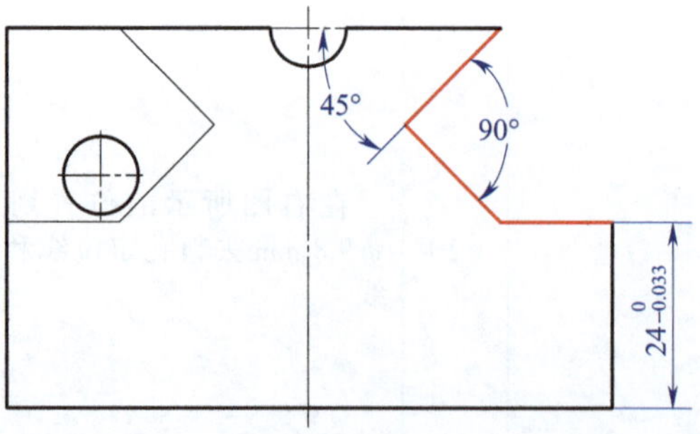

续表

工序	工步	加工内容	图示
7. 精锉工件 1 右上角两斜面		精锉工件 1 右上角两斜面，用 ϕ10 mm 样棒控制尺寸，并控制两斜面角度至加工要求，同时保证两斜面的垂直度和表面质量要求	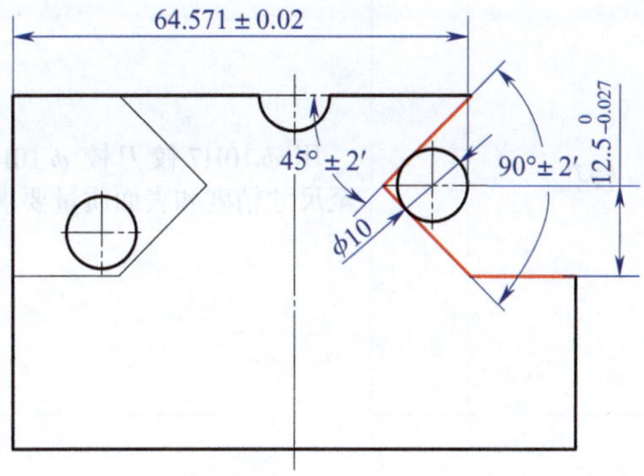 64.571 ± 0.02 45° ± 2′ 90° ± 2′ $12.5_{-0.027}^{0}$ ϕ10
8. 锯、锉工件 1 左上角轮廓		按照工件 1 右上角加工方法，锯、锉工件 1 左上角轮廓至加工要求	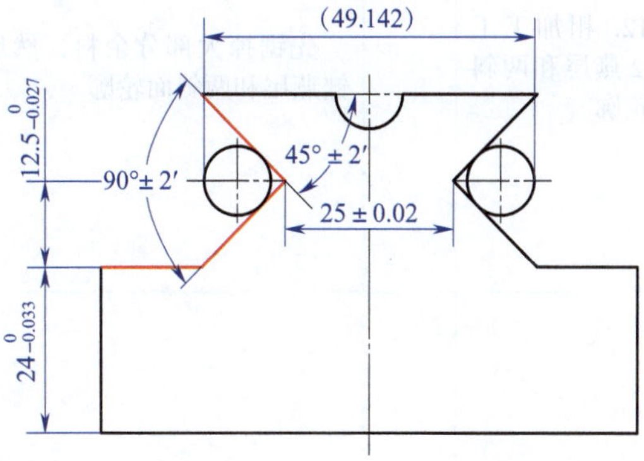 (49.142) $12.5_{-0.027}^{0}$ 90° ± 2′ 45° ± 2′ 25 ± 0.02 $24_{-0.033}^{0}$
9. 工件 2 划线		划工件 2 上 2 个 ϕ3 mm 工艺孔和 ϕ10 mm 孔定位线和轮廓线，划燕尾和两斜面轮廓线	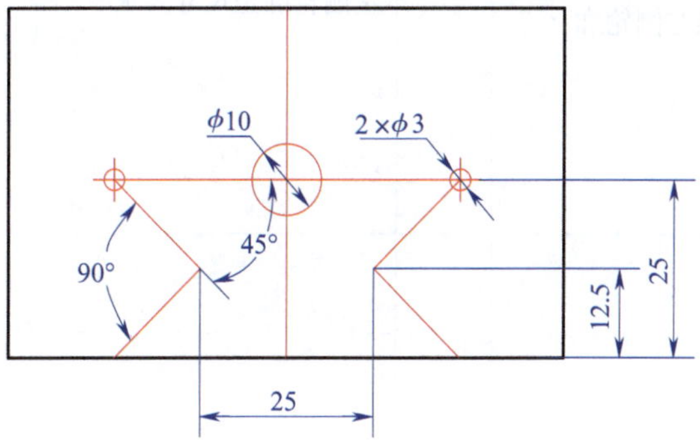 ϕ10 2 × ϕ3 45° 90° 25 12.5 25
10. 钻孔		在工件 2 上钻 2 个 ϕ3 mm 工艺孔和 ϕ10H7 孔的底孔	2×ϕ3 ϕ9.8

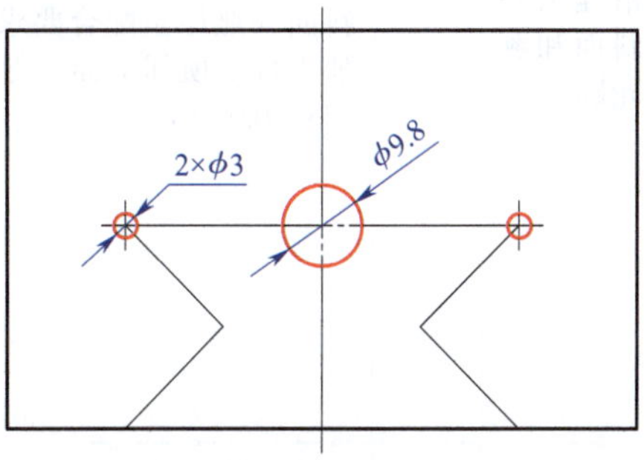

续表

工序	工步	加工内容	图示
11. 铰孔		用 ϕ 10H7 铰刀铰 ϕ 10H7 孔至尺寸精度和表面质量要求	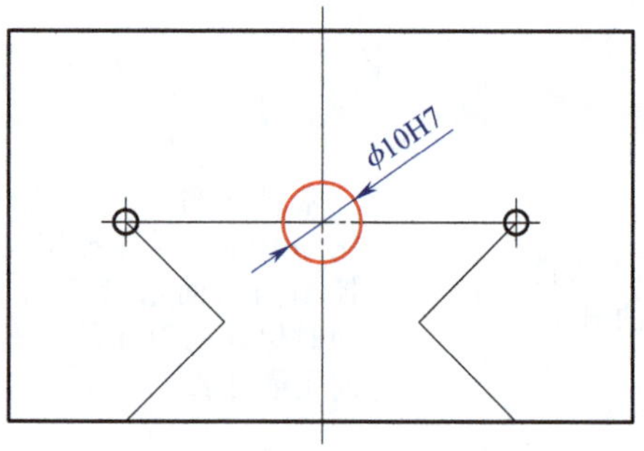 ϕ10H7
12. 粗加工工件 2 燕尾和两斜面轮廓		先锯掉大部分余料，然后粗锉燕尾和两斜面轮廓	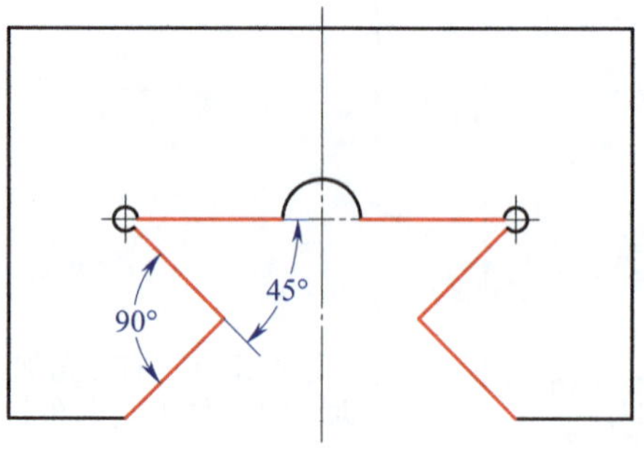 90° 45°
13. 精锉工件 2 左侧斜面和燕尾左侧轮廓		精锉工件 2 左侧斜面和燕尾左侧轮廓至尺寸要求	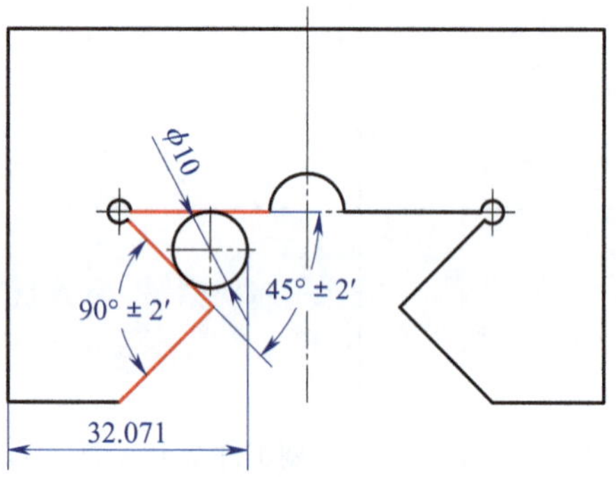 ϕ10 90° ± 2′ 45° ± 2′ 32.071
14. 精锉工件 2 右侧斜面和燕尾右侧轮廓		用工件 1 配作工件 2 右侧斜面和燕尾至配合要求，并锉削工件 2 顶部平面，保证尺寸（73 ± 0.02）mm	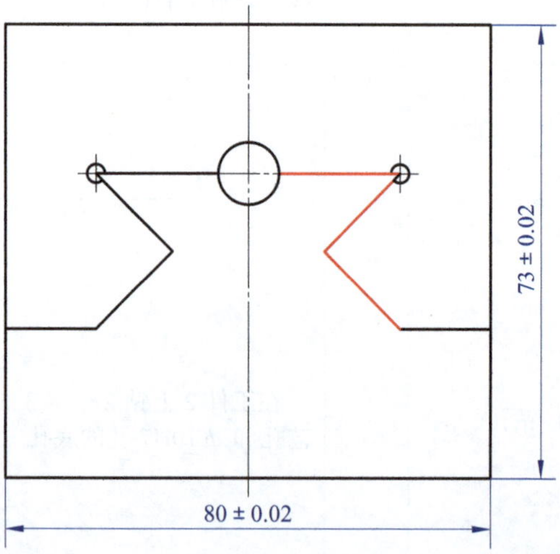 73 ± 0.02 80 ± 0.02
15. 检验		按图样尺寸和要求进行检验	

三、加工质量检测

表 11-2 为对称样板的锉配质量检测表。

表 11-2　　对称样板的锉配质量检测表

序号	考核项目	配分	考核内容及要求	评分标准	检测结果	得分
1	工件 1（46 分）	2×3	$24_{-0.033}^{0}$ mm（2 处）	超差不得分		
2		2×3	$12.5_{-0.027}^{0}$ mm（2 处）	超差不得分		
3		3	$49_{-0.039}^{0}$ mm	超差不得分		
4		3	（25±0.02）mm	超差不得分		
5		3	（80±0.02）mm	超差不得分		
6		2×2	90°±2′（2 处）	超差不得分		
7		2×2	45°±2′（2 处）	超差不得分		
8		11×0.5	⊥ 0.02 C（11 处）	超差不得分		
9		2	// 0.02 A	超差不得分		
10		2	⊥ 0.02 A	超差不得分		
11		2	*Ra*1.6 μm	降级不得分		
12		11×0.5	*Ra*3.2 μm（11 处）	降级不得分		
13	工件 2（19 分）	2	（80±0.02）mm	超差不得分		
14		11×0.5	⊥ 0.02 C（11 处）	超差不得分		
15		2	// 0.02 A	超差不得分		
16		2	⊥ 0.02 A	超差不得分		
17		2	*Ra*1.6 μm	降级不得分		
18		11×0.5	*Ra*3.2 μm（11 处）	降级不得分		
19	装配图（22 分）	2	（80±0.02）mm	超差不得分		
20		2	（73±0.02）mm	超差不得分		
21		2	ϕ10H7	超差不得分		
22		8×1	错位量≤0.04 mm（8 处）	超差不得分		
23		8×1	配合间隙≤0.03 mm（8 处）	超差不得分		
24	主观评分（10 分）	3.5	已加工零件去毛刺符合图样要求，否则不得分			
25		3.5	已加工零件无划伤、碰伤和夹伤，否则不得分			
26		3	已加工零件与图样外形一致，否则不得分			
27	更换或添加毛坯（3 分）	3	更换或添加毛坯不得分			

续表

序号	考核项目	配分	考核内容及要求	评分标准	检测结果	得分
28	职业素养		能正确穿戴工作服、工作鞋、安全帽和防护眼镜等个人防护用品。每违反一项倒扣 2 分			
29			能规范使用设备、工具、量具和辅具。每违反操作规范一次倒扣 2 分			
30			能做好设备清理、保养工作。不清理或不保养倒扣 3 分，清理或保养不彻底倒扣 2 分			
总配分		100	总得分			

学习任务 12　组合燕尾的盲配

一、工作任务描述

某企业接到组合燕尾（图 12-1）的盲配订单，数量为 30 件，毛坯为 75 mm × 103 mm × 7 mm 的板料，材料为 45 钢，毛坯的上、下两面无须加工，工期为 5 天。生产部门安排钳工组完成此零件的制作。

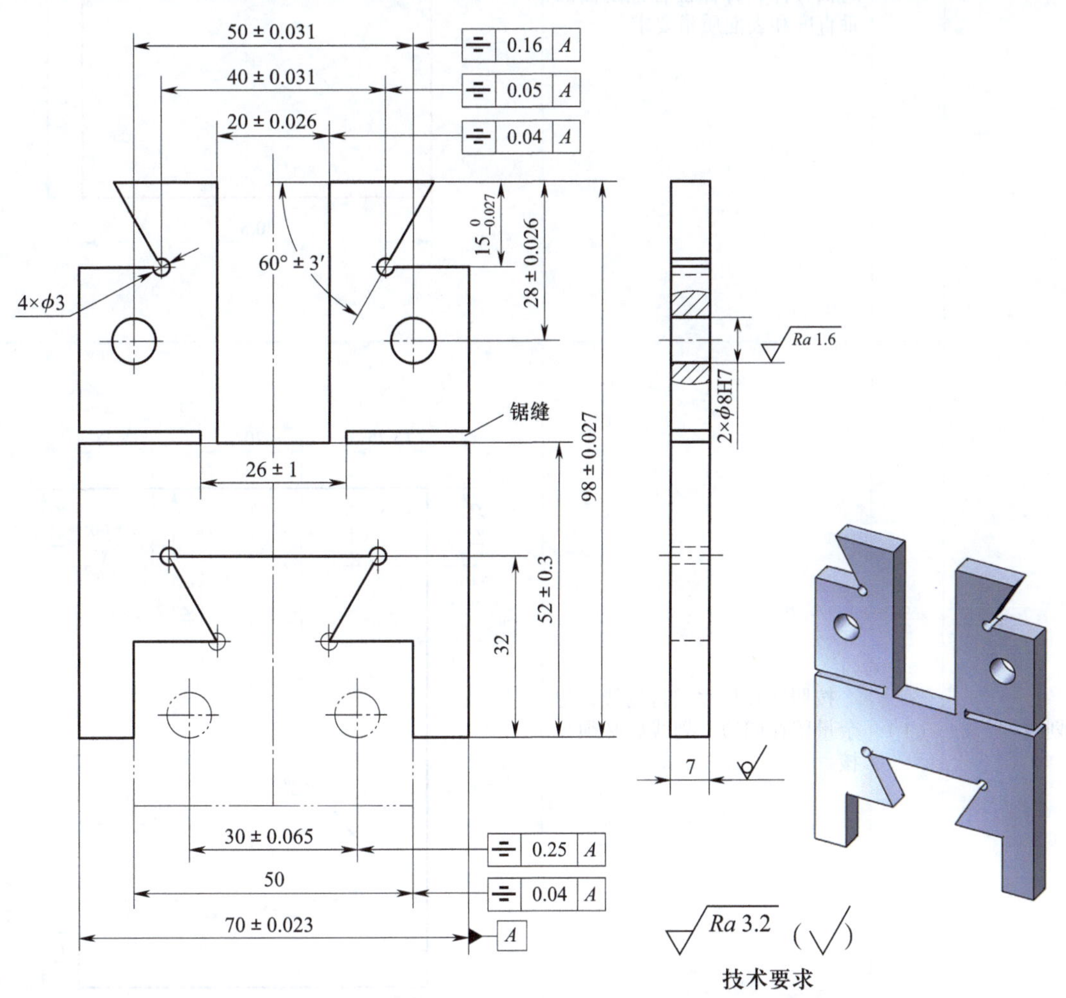

技术要求

1. 各锉削面与大面的垂直度不大于0.025。
2. 配合间隙均不大于0.05（凸件翻转180°）。
3. 工件表面光洁，无毛刺。

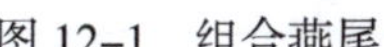

图 12-1　组合燕尾

二、加工工艺过程

组合燕尾盲配工艺过程见表 12–1。

表 12–1　　组合燕尾盲配工艺过程

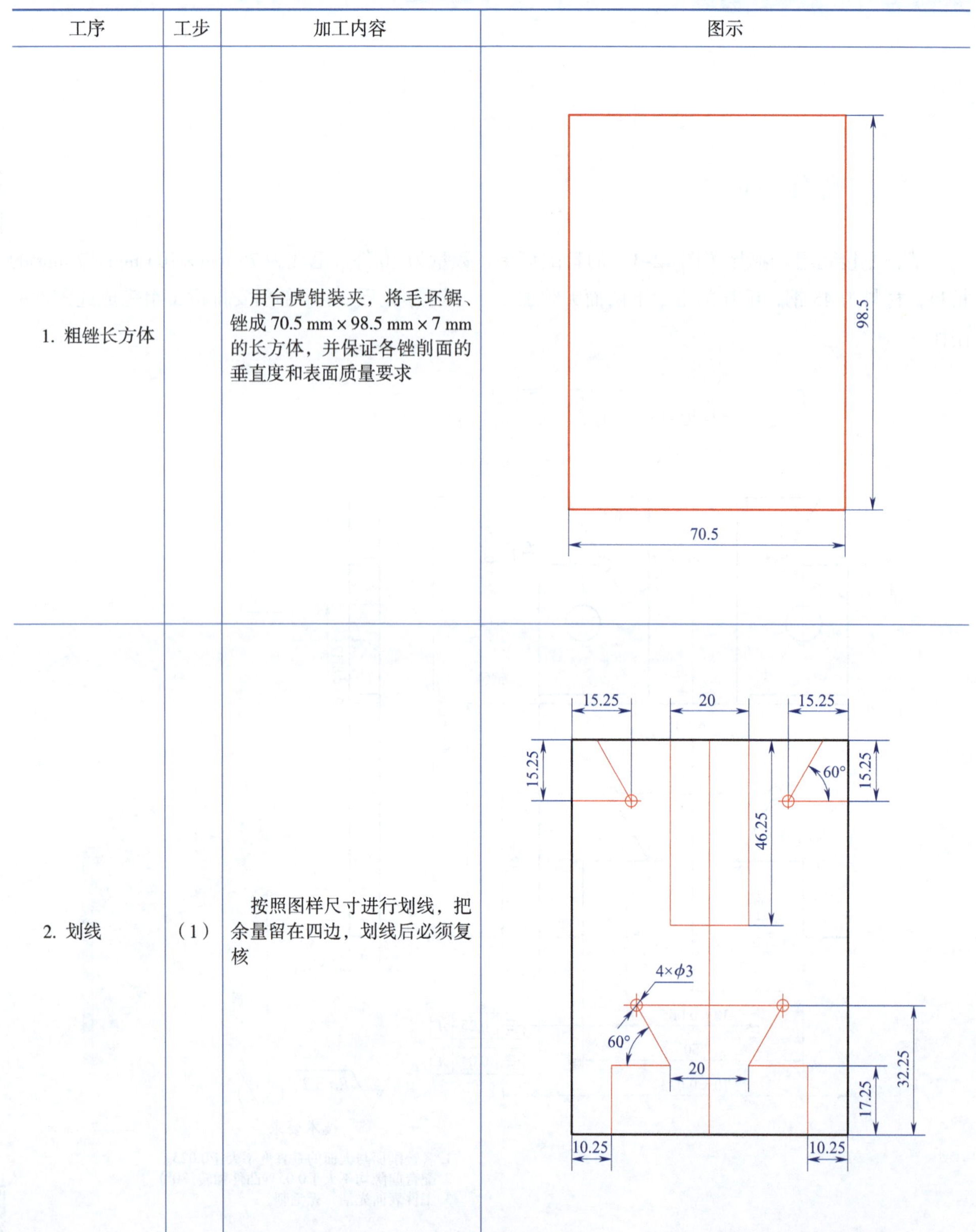

工序	工步	加工内容	图示
1. 粗锉长方体		用台虎钳装夹，将毛坯锯、锉成 70.5 mm × 98.5 mm × 7 mm 的长方体，并保证各锉削面的垂直度和表面质量要求	
2. 划线	（1）	按照图样尺寸进行划线，把余量留在四边，划线后必须复核	

续表

工序	工步	加工内容	图示
2. 划线	（2）	划锯削线、去料排孔定位线和轮廓线	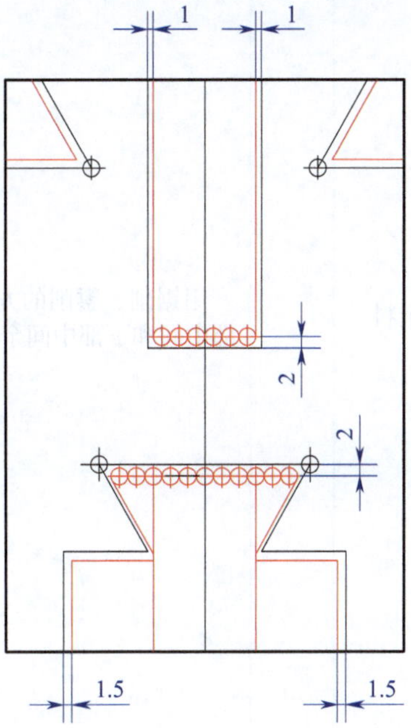
3. 钻工艺孔和去料排孔		用 $\phi 3$ mm 麻花钻钻工艺孔和去料排孔	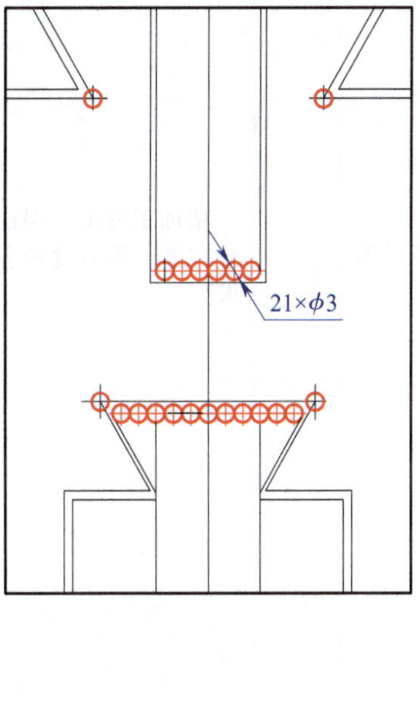

续表

工序	工步	加工内容	图示
4. 去除余料		用锯削、錾削的方法去除上部中间和下部中间余料	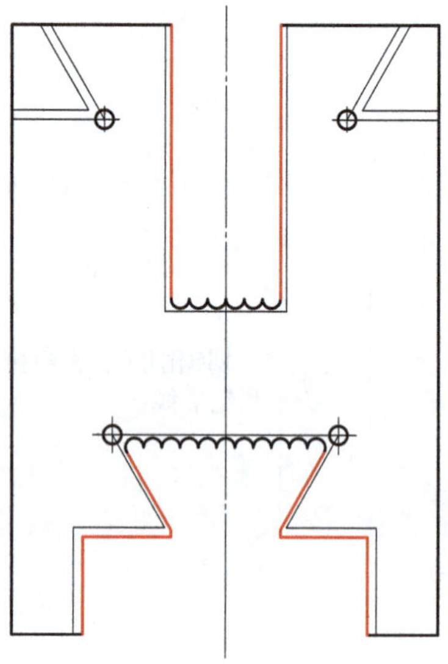
5. 精加工外形		精加工外形，保证加工面的对称度、垂直度和表面质量要求	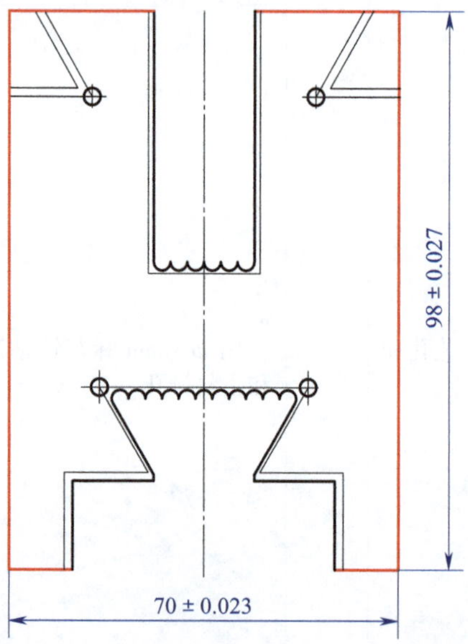 98 ± 0.027 70 ± 0.023

续表

工序	工步	加工内容	图示
6. 加工长方槽		先加工中间槽两侧边，控制槽两侧边至外形边的实际尺寸，间接保证尺寸 20 mm 及其对称度，当认为 20 mm 尺寸已加工完成，可以用 19.974 mm 和 20.026 mm 的量块与塞尺组合试配，要求前者能进入，后者不能进入；否则，检测槽两侧边至外形尺寸和外形尺寸是否有问题，是否存在突起点，并及时修整	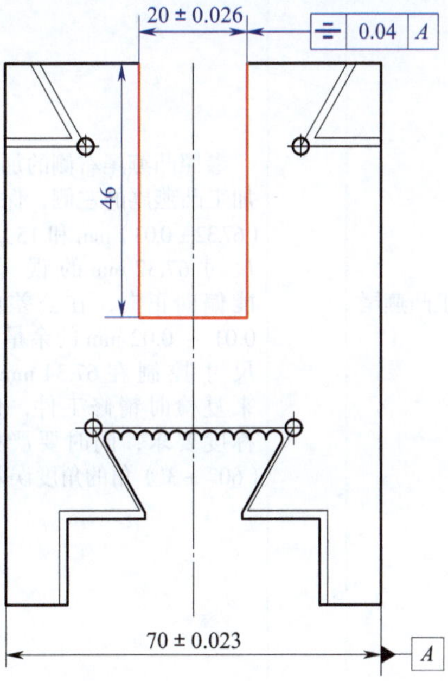 20 ± 0.026　0.04 A　46　70 ± 0.023　A
7. 加工凸燕尾右侧		参照燕尾的加工方法加工燕尾的一侧，保证尺寸（68.66 ± 0.015）mm 和 $15_{-0.027}^{\ 0}$ mm，尺寸 68.66 mm 的误差尽可能偏向正向，在公差内存有 0.01 ~ 0.02 mm 的余量（如把尺寸控制在 68.68 mm），用来复检时精修工件，保证对称度要求，同时要严格控制（60° ± 3′）角的角度误差	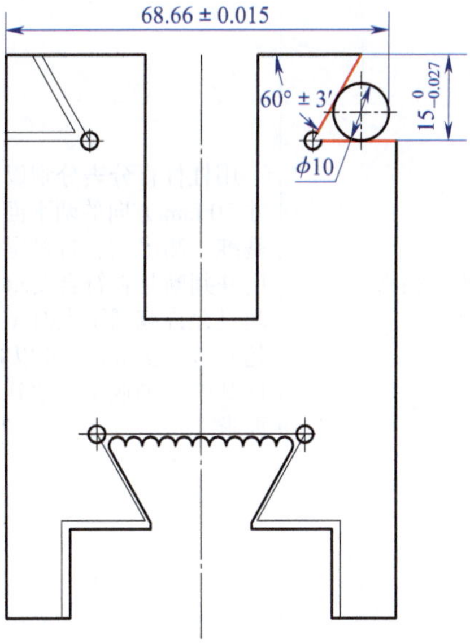 68.66 ± 0.015　60° ± 3′　$15_{-0.027}^{\ 0}$　ϕ10

续表

工序	工步	加工内容	图示
8. 加工凸燕尾左侧		参照凸燕尾右侧的加工方法加工凸燕尾的左侧，保证尺寸（67.32 ± 0.03）mm 和 $15^{\ 0}_{-0.027}$ mm，尺寸 67.32 mm 的误差尽可能偏向正向，在公差内存有 0.01 ~ 0.02 mm 的余量（如把尺寸控制在 67.34 mm），用来复检时精修工件，保证对称度要求，同时要严格控制（60° ± 3′）角的角度误差	
9. 检查、精修凸燕尾		用杠杆百分表分别以外形尺寸 70 mm 方向的两平面为测量基准，测出左、右燕尾的对称度并判断是否符合要求，误差超过允许范围不大时（一般不超过 0.02 mm），可以再次精修其中一侧燕尾，达到对称度要求	

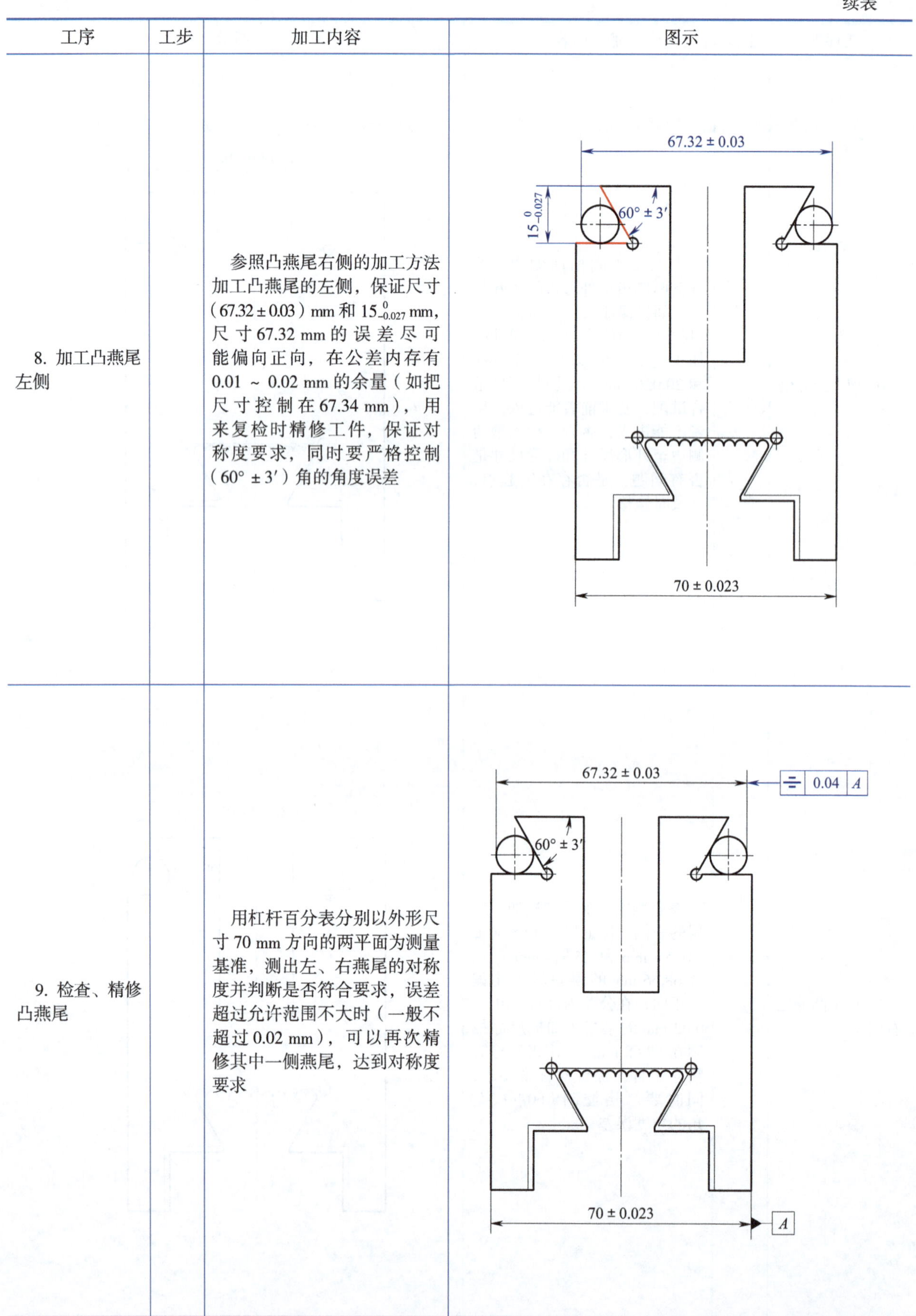

续表

工序	工步	加工内容	图示
10. 粗加工、半精加工凹燕尾内腔		粗加工、半精加工凹燕尾内腔，每平面留 0.2 mm 左右精加工余量，同时内直角要同步清角	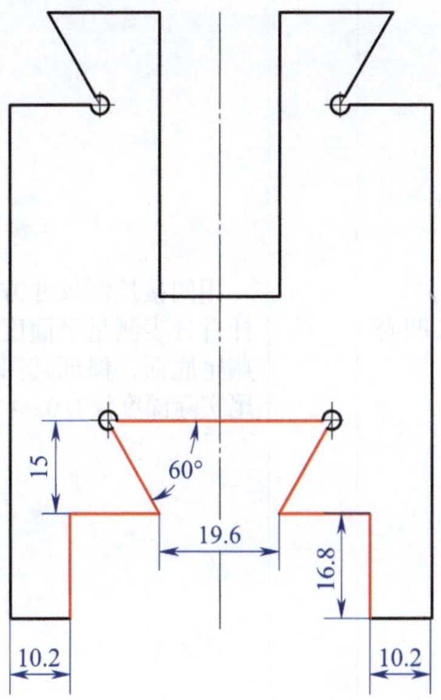
11. 精加工凹燕尾的长方槽		精加工靠外口的 4 个平面，保证左、右两平面尺寸相同，从而保证其对称度，用数值为（L_1+L_2）的量块组做配合测试，动作要轻，不要强行配合，以免划伤量块表面，观察量块与平面的配合情况，做出什么地方要精修的判断，通过精修达到配合间隙要求	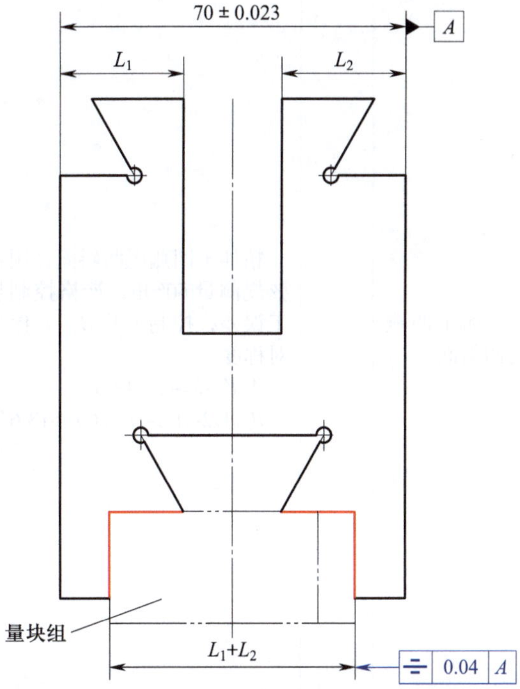

续表

工序	工步	加工内容	图示
12. 加工凹燕尾的底面		用间接控制尺寸方法结合杠杆百分表测量平面度，加工凹燕尾底面，保证其深度比凸燕尾实际深度深 0.02 ～ 0.03 mm	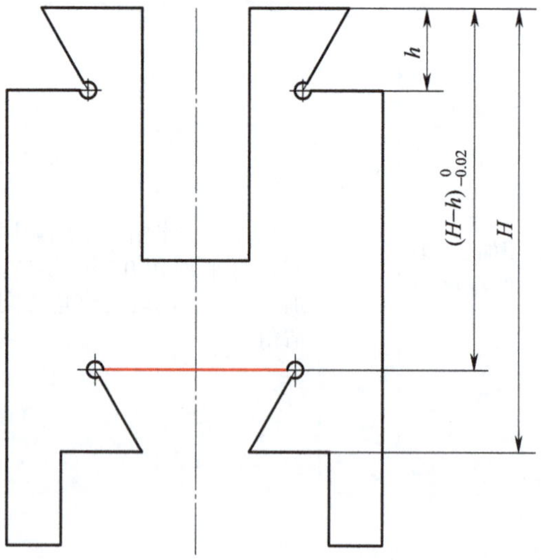 h $(H-h)^{0}_{-0.02}$ H
13. 加工凹燕尾的两斜面		精加工凹燕尾两斜面，用正弦规测量 60° 角，严格控制加工误差，控制尺寸 B，并保证对称度 $A=K_1+K_2-2\times13.66$ $B=W/2-A/2-H\cos60°+13.66$	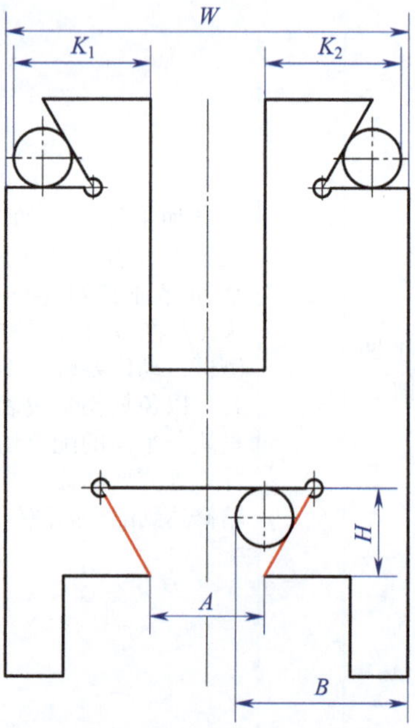 W K_1 K_2 H A B

续表

工序	工步	加工内容	图示
14. 可配性测定与修整		根据凸燕尾的尺寸 K_1、K_2 和实际深度尺寸，结合样棒的制造误差，对工件在各方向做综合性的可配性测定，如有太紧现象，根据具体情况修整	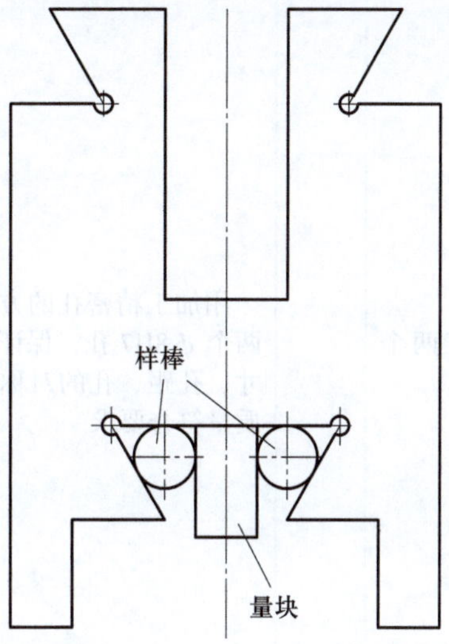 样棒 量块
15. 划两个ϕ8H7孔定位线和轮廓线及锯缝线		划两个 ϕ8H7 孔定位线和轮廓线及锯缝线	50 28 2×ϕ8H7 52

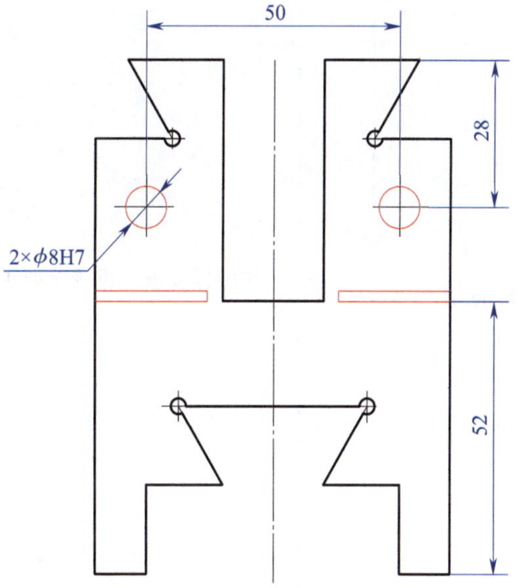

续表

工序	工步	加工内容	图示
16. 加工两个 ϕ8H7 孔		用加工精密孔的方法钻、铰两个 ϕ8H7 孔，保证孔直径尺寸、孔距、孔的对称度和表面质量符合要求	50 ± 0.031 0.16 A 2×ϕ8H7 70 ± 0.023 A
17. 锯削		按图样要求开锯缝至要求尺寸	26 ± 1 52 ± 0.3
18. 检验		按图样尺寸和要求进行检验	

三、加工质量检测

表 12–2 为组合燕尾盲配质量检测表。

表 12–2　　组合燕尾盲配质量检测表

序号	考核项目	配分	考核内容及要求	评分标准	检测结果	得分
1	主要尺寸（64 分）	2	（70 ± 0.023）mm	超差不得分		
2		2	（30 ± 0.065）mm	超差不得分		
3		2	（98 ± 0.027）mm	超差不得分		
4		2	（28 ± 0.026）mm	超差不得分		
5		2 × 3	$15_{-0.027}^{0}$ mm（2 处）	超差不得分		
6		2	（50 ± 0.031）mm	超差不得分		
7		2	（40 ± 0.031）mm	超差不得分		
8		2	（20 ± 0.026）mm	超差不得分		
9		2 × 3	60° ± 3′（2 处）	超差不得分		
10		2 × 3	ϕ 8H7（2 处）	超差不得分		
11		2 × 3	⌯ 0.04 *A*（2 处）	超差不得分		
12		3	⌯ 0.05 *A*	超差不得分		
13		3	⌯ 0.16 *A*	超差不得分		
14		3	⌯ 0.25 *A*	超差不得分		
15		9	各锉削面与大面的垂直度不大于 0.025 mm	每处超差扣 1 分，扣完为止		
16		8	配合间隙均不大于 0.05 mm（凸件翻转 180°）	每处超差扣 1 分，扣完为止		
17	次要尺寸（10 分）	2	（26 ± 1）mm	超差不得分		
18		2	（52 ± 0.3）mm	超差不得分		
19		4 × 1	ϕ 3 mm（4 处）	超差不得分		
20		2	50 mm	超差不得分		
21	表面粗糙度（14 分）	2 × 2	*Ra*1.6 μm（2 处）	降级不得分		
22		20 × 0.5	*Ra*3.2 μm（20 处）	降级不得分		
23	主观评分（9 分）	3	已加工零件去毛刺符合图样要求，否则不得分			
24		3	已加工零件无划伤、碰伤和夹伤，否则不得分			
25		3	已加工零件与图样外形一致，否则不得分			
26	更换或添加毛坯（3 分）	3	更换或添加毛坯不得分			
27	职业素养		能正确穿戴工作服、工作鞋、安全帽和防护眼镜等个人防护用品。每违反一项倒扣 2 分			
28			能规范使用设备、工具、量具和辅具。每违反操作规范一次倒扣 2 分			
29			能做好设备清理、保养工作。未清理或未保养倒扣 3 分，清理或保养不彻底倒扣 2 分			
总配分		100	总得分			

附　录

附表 1

学习任务分析表

序号	工作内容分析							学习内容分析	
	工作步骤	工作内容	工作成果	工作要求	工作方法	工具、材料、设备	劳动组织形式	理论和实践知识	职业素养

附表 2

教学活动策划表

学习任务名称					学时			
序号	学习环节与学时	学习目标	学习步骤	学习内容	学生活动	教师活动	学习成果	学习资源

附表 3

学生自我评价表

班级：______________ 学生姓名：______________ 学号：______________

评价项目	评价内容	评价标准			得分
		偶尔	经常	完全	
知识和技能	能独立获取任务信息，明确工作任务内容与要求，制订工作计划	0 ~ 2	3 ~ 4	5 ~ 7	
	能认真听讲，根据任务要求，合理选择工具、量具和刃具	0 ~ 2	3 ~ 4	5 ~ 7	
	能主动参与角色分工、扮演，尽心尽责全程参与工作任务	0 ~ 2	3 ~ 4	5 ~ 7	
	观看微课、课件和教师示范操作，能进行刀具、工件的正确装夹	0 ~ 2	3 ~ 4	5 ~ 7	
	能规范、有序进行零件的加工	0 ~ 4	5 ~ 7	8 ~ 10	
	能通过小组协作，选用合适的量具对零件进行检测	0 ~ 2	3 ~ 4	5 ~ 7	
职业素养	能按时出勤，规范着装。遵守课堂学习纪律，不做与学习任务无关的事情	0 ~ 2	3 ~ 4	5 ~ 7	
	能善于发现并勇于指出操作人员的不规范操作	0 ~ 2	3 ~ 4	5 ~ 7	
	能主动分析、思考问题，积极发表对问题的看法，提出建议，解决问题	0 ~ 4	5 ~ 7	8 ~ 10	
	能主动参与并服从团队安排，互助协作，分享并倾听意见，反思总结，完善自我	0 ~ 2	3 ~ 4	5 ~ 7	
	能保持认真细致、精益求精的工作态度	0 ~ 4	5 ~ 7	8 ~ 10	
	能积极参与汇报工作（汇报人需表述清晰、专业术语准确，非汇报人协助整合汇报资料和方案）	0 ~ 2	3 ~ 4	5 ~ 7	
	能遵守钳工实训车间环境卫生要求	0 ~ 2	3 ~ 4	5 ~ 7	
	任务总体表现（总评分）				

附表 4

组内工作过程互评表

学习任务名称	班级	姓名	学号

序号	评价内容	评价标准			得分
		偶尔	经常	完全	
1	能主动完成教师布置的任务和作业	0 ~ 4	5 ~ 7	8 ~ 10	
2	能认真听教师讲课，听同学发言	0 ~ 4	5 ~ 7	8 ~ 10	
3	能积极参与讨论，与他人良好合作	0 ~ 4	5 ~ 7	8 ~ 10	
4	能独立查阅资料，观看微课，形成意见文本	0 ~ 4	5 ~ 7	8 ~ 10	
5	能积极地就疑难问题向同学和教师请教	0 ~ 4	5 ~ 7	8 ~ 10	
6	能积极参与小组合作，并指出同学在操作中的不规范行为	0 ~ 4	5 ~ 7	8 ~ 10	
7	能规范操作钻床进行零件加工	0 ~ 4	5 ~ 7	8 ~ 10	
8	能在正确测量后耐心、细致地修锉加工面，保证零件质量	0 ~ 4	5 ~ 7	8 ~ 10	
9	能按车间管理要求规范摆放工具、量具、刃具，整理及清扫现场	0 ~ 4	5 ~ 7	8 ~ 10	
10	能认真总结和反思零件加工任务实施中出现的问题	0 ~ 4	5 ~ 7	8 ~ 10	
任务总体表现（总评分）					

附表 5　　**组间展示互评表**

学习任务名称		班级		姓名	汇报人
序号	评价内容	评价标准			得分
		否	部分	是	
1	展示的零件是否符合技术标准	0 ~ 4	5 ~ 7	8 ~ 10	
2	小组介绍成果表达是否清晰	0 ~ 4	5 ~ 7	8 ~ 10	
3	小组介绍的加工方法是否正确	0 ~ 4	5 ~ 7	8 ~ 10	
4	小组汇报成果语言逻辑是否正确	0 ~ 4	5 ~ 7	8 ~ 10	
5	小组汇报成果专业术语表达是否正确	0 ~ 4	5 ~ 7	8 ~ 10	
6	小组组员和汇报人解答其他组提问是否正确	0 ~ 4	5 ~ 7	8 ~ 10	
7	汇报或模拟加工过程操作是否规范	0 ~ 4	5 ~ 7	8 ~ 10	
8	小组的检测量具、量仪保养是否规范	0 ~ 4	5 ~ 7	8 ~ 10	
9	小组成员是否有团队合作精神	0 ~ 4	5 ~ 7	8 ~ 10	
10	小组汇报展示的方式是否新颖（利用多媒体等手段）	0 ~ 4	5 ~ 7	8 ~ 10	
任务总体表现（总评分）					
小组汇报中存在的问题和建议					

附表 6　　**教师评价表**

评价项目	评价标准	教师评价（占总评 50%）			
		偶尔	经常	完全	得分
承担职责	能主动参与角色分工、扮演，尽心尽责全程参与工作任务	0 ~ 4	5 ~ 7	8 ~ 10	
服从管理	能时刻服从组长和教师工作安排，积极完成工作	0 ~ 4	5 ~ 7	8 ~ 10	
独立思考	能独立发现问题，思考问题，积极发表对问题的看法，提出建议，解决问题	0 ~ 4	5 ~ 7	8 ~ 10	
团结互助	能主动交流、协作，完成零件加工工艺的制定	0 ~ 4	5 ~ 7	8 ~ 10	
规范意识	能按照车间操作规范进行操作，遵守设备使用要求，正确开关设备，维持场地环境整洁	0 ~ 4	5 ~ 7	8 ~ 10	
严谨踏实	能认真、细致地按照加工工艺完成零件加工	0 ~ 4	5 ~ 7	8 ~ 10	
勇于表达	能善于发现并指出操作人员的不规范操作，并积极参与汇报	0 ~ 4	5 ~ 7	8 ~ 10	
质量意识	能对零件质量精益求精，达到最好加工结果	0 ~ 4	5 ~ 7	8 ~ 10	
反思总结	能反思、总结影响零件质量的因素	0 ~ 4	5 ~ 7	8 ~ 10	
自律自控	能控制自己，积极协作，全程参与工作过程	0 ~ 4	5 ~ 7	8 ~ 10	
任务总体表现（总评分）					
总体意见					